蝴蝶梦（西瓜黄桃刨冰）

水果冰粒

芒果杨桃樱桃冰粒

红豆沙柠檬冰冻

薏米仁冰粥

杏仁豆腐

红小豆凉糕

豌豆黄凉糕

家庭自制冷饮冷食

主　编
孙宝和　周继敏

编　者
于雨晴　徐　京
姜贵花　廖端生
于　江　张　冲
刘新年　孙金全
张　伟　李海星

金 盾 出 版 社

内 容 提 要

本书是一本专门讲授如何在家制作冷饮冷食的餐饮书。书中介绍了大量蔬菜鲜果饮料、刨冰、冰粒、冰糕、冰淇淋、冰棍、老北京冷食等传统的冷饮冷食，以及新地、巴菲、奶昔、宾治、各国名饮、带酒味的冷食等国内外餐饮业现代时尚冷饮冷食的制法。所选品种本着实用的原则，内容一看就懂，一学就会，原料易得，制法简便，非常适合家庭和餐饮店使用。

图书在版编目(CIP)数据

家庭自制冷饮冷食/孙宝和，周继敏主编. -- 北京：金盾出版社，2010.10

ISBN 978-7-5082-6536-0

Ⅰ.①家…　Ⅱ.①孙…②周…　Ⅲ.①冷冻食品—制作
Ⅳ.①TS277

中国版本图书馆 CIP 数据核字(2010)第 146236 号

金盾出版社出版、总发行

北京太平路 5 号(地铁万寿路站往南)
邮政编码：100036　电话：68214039　83219215
传真：68276683　网址：www.jdcbs.cn
封面印刷：北京凌奇印刷有限责任公司
彩页正文印刷：北京金盾印刷厂
装订：永胜装订厂
各地新华书店经销

开本：850×1168 1/32　印张：6.125　彩页：4　字数：150 千字
2010 年 10 月第 1 版第 1 次印刷
印数：1～8 000 册　定价：12.00 元

前　言

冷饮冷食是人们夏天解暑的佳品。当人们渴了、热了的时候，都会想到找点冷饮解渴解暑。以往人们爱到超市去买点饮料解渴，或在餐桌上点些果菜汁，但一是品种少，二是价格高，不能满足人们的实际需求。近年来随着我国经济的不断发展，人们生活水平的不断提高，膳食结构不断完善，因此人们对冷饮冷食的需求也在不断增加。

虽然现在商店的饮料品种很多，味道也不错，但是人们出于健康的考虑，担心食品添加剂有害身体，害怕食入过多的糖分而发胖，因此，不少人在家有条件时，愿意自己动手做。用新鲜的蔬菜、水果做果菜汁，既能解渴又合个人口味，对身体也十分有利，而且自制冷饮冷食简单实用，经济实惠。

本书为适应人们健康的需要，提供了较多的果蔬饮料配方。除了果菜汁，还提供了自制冰茶、冰粥之类的配方，以及许多时尚的冷饮，书中均做了介绍。

除了自制冷饮外，书中还介绍了大量冷食的制法。冷食是世界各国喜爱的食品，在国外被称为冰点。冷食从欧美各国传入广东、深圳、上海等地后，因其含有高蛋白、低脂肪、多种维生素，富有保健和辅助疗效，逐渐成为我国大众喜爱的食品。冷食色泽鲜艳，五颜六色，造型优美，一年四季都能食用，特别在夏季更是冷食的好季节，其口感清爽、鲜美，并具有独特的美感。冷食原料广泛，如蔬菜、水果、粮食、乳制品、葡萄糖等，加之现在一般家庭都有电冰箱，制作十分方便。冷食的品种很多，书中除了介绍了大量蔬菜鲜果饮料、刨冰、冰粒、冰糕、冰淇淋、冰棍、老北京冷食等传统的冷食外，还介绍了国内外餐饮业现代时尚冷饮冷食的制法，如新地、巴菲、奶昔、宾治、各国名饮、带酒味的冷食等，均可供读者学习使用。

本书为了适应广大读者对各种不同口味的需要，编入的冷饮冷食品种共550余款，并附有少量彩色照片，以供大家参考。所选品种本着实用的原则，内容一看就懂，一学就会，原料易得，制作简单，非常适合家庭和餐饮店使用。

编写本书的目的，主要是想给家庭和烹饪爱好者一个学习自制冷饮冷食的机会，给家庭生活增添欢乐和幸福，同时也想和同行们切磋技艺、探索新思路。

限于作者水平和经验，本书难免存在缺点和不足之处，恳请大家指正，谢谢。

编　者

目 录

第一部分 自制冷饮冷食的准备

第二部分 冷饮冷食制作

第一部分　自制冷饮冷食的准备

一、常用工具

1. 雪克杯

此杯是用不锈钢压制的带盖的杯型工具，有大小之分，将两种以上原料放入，充分摇动进行混合溶解。没有雪克杯也可用带盖的容器代替。

2. 吸管

用塑料制成，有直筒式、弯曲式，还有各种外观造型奇特的吸管，用来吸食果汁、菜汁、奶昔等各种饮料。

3. 量杯

玻璃制成，用来计量液体用料数量。

4. 多功能果汁榨汁机

将所用原料洗净，去皮、核、子，切碎，放入果汁榨汁机，制成果汁、蔬菜汁、混合果菜汁和各种饮料。

5. 盎司杯

用不锈钢制成，一端为一盎司(30 毫升)，另一端为二盎司(60 毫升)的杯型容器，多用计量各种原料，制作多种风味液体食品的工具。一般家庭制作也可用带刻度的量杯代替。

6. 冰淇淋勺

用不锈钢制成的冰淇淋勺是取冰淇淋的专用工具。

7. 搅拌匙

有不锈钢、塑料等不同长度的长柄勺，用来舀取食材或搅拌的工具。

8. 刨冰机

刨冰机分为手动、电动两种，将冰块放入刨冰机内，经过转动就可削成刨冰。

9. 速冻冰箱

将冰块、冰棍、雪糕、冰砖等放入，可速冻出冰制品，此速冻箱也适用于家庭。

10. 台秤

台秤是计量原料使用的数量多少的量具。

11. 各种盛放冷饮冷食的容器

包括各种玻璃杯，像果汁杯、高球杯、可乐杯、葡萄酒杯、啤酒杯、鸡尾酒杯、白酒杯、冰淇淋杯、普通玻璃杯等。

各种玻璃碟，像圆形碟、椭圆形碟、荷叶边碟和盆。

各种瓷碟、瓷碗都行，总之要洁净好看。

二、调配果菜汁的基本方法

在制作果菜汁之前，先将果菜洗净，消毒，冲洗；水果要去皮，去核，去子，切成小方块；蔬菜要去掉老根、黄叶、老筋，切碎，放入榨汁机内榨出汁，要注意粉碎的原料不要放入过多，严防机内转动时负荷过重，影响榨汁机的寿命。

三、注意事项

1. 制作冷饮冷食要色泽艳丽，原料搭配合理，保持营养。

2. 注意食品清洁卫生，保证食品安全。对使用原料要严格消毒、烧开、灭菌、晾凉，随制随用。

3. 购制原料要保持鲜嫩，坚决不用变质原料。

4. 保证食品不受污染，特别是家庭自制时，随做随用。

5. 原料使用之前要严格消毒、浸泡、灭菌、冲洗。

6. 对使用工具要严格消毒、灭菌，放在没有污染的地方。

第二部分　冷饮冷食制作

一、蔬菜鲜果饮料

(一)蔬菜鲜果汁

1. 芹菜胡萝卜蜂蜜汁

【原　料】 鲜芹菜、胡萝卜各250克，鲜葡萄100克，蜂蜜、白糖各50克，红葡萄酒25毫升。

【制　法】 ①把芹菜洗净、切碎。胡萝卜洗净，去掉外皮，蒸熟。鲜葡萄洗净。　②将葡萄放入榨汁机内压出葡萄汁，放入容器内。　③把芹菜、胡萝卜放入粉碎机里粉碎，再放入榨汁机里压出芹菜、胡萝卜汁，放入葡萄汁里，加入白糖、红葡萄酒、蜂蜜搅拌均匀，倒入玻璃杯中，加入冰粒，杯口放上柠檬片、红樱桃作为装饰，即可食用。

【特　点】 橘红色，口感甜润。含有维生素C、果糖，可松弛神经，富有美容作用。

2. 蜂蜜葡萄胡萝卜汁

【原　料】 蜂蜜、白糖各50克，柠檬汁、雪碧各50毫升，鲜葡萄、胡萝卜各150克，苹果100克。

【制　法】 ①葡萄洗净。胡萝卜去掉外皮，蒸熟，切碎。苹果

洗净，去掉外皮，去子，切碎。　②把葡萄放入榨汁机压出葡萄汁，放入容器里。　③把胡萝卜、苹果放入粉碎机粉碎成泥，放入葡萄汁里，再放入白糖、柠檬汁、雪碧、蜂蜜搅拌均匀，倒入高脚玻璃杯里，放入冰粒，杯口插上柠檬片、红樱桃作为装饰，即可食用。

【特　点】 黄红色，甜润可口。可降血压、血脂，镇静神经。

3. 莴笋芹菜橘子柠檬汁

【原　料】 鲜莴笋、橘子各 200 克，芹菜 150 克，鲜柠檬汁 50 毫升，白糖 50 克。

【制　法】 ①把莴笋去皮，洗净，切碎。芹菜洗净，切碎。橘子去皮，洗净，切碎。　②将莴笋放入粉碎机里粉碎，放入容器里。③把芹菜、橘子放入榨汁机里压出汁，放入容器里，再加入白糖、柠檬汁，搅拌均匀，倒入玻璃高脚杯里，再放入冰粒，杯口上插柠檬片、红樱桃作为装饰，即可食用。

【特　点】 黄绿色，酸甜利口。可降血压、血脂，降低胆固醇。

4. 生菜菠萝橘子汁

【原　料】 橘子 2 个，生菜(包叶)、菠萝各 100 克，胡萝卜、白糖各 50 克，柠檬汁 50 毫升。

【制　法】 ①把橘子剥皮，洗净，切碎；生菜洗净，切碎，一起放入榨汁机里压出汁，放入容器里。　②胡萝卜去掉外皮，洗净，蒸熟，切碎；菠萝洗净，切碎，一起放入粉碎机粉碎，倒入装橘菜汁的容器里。　③放入白糖、柠檬汁，搅拌均匀，倒入啤酒杯里，放入冰粒，杯口上放入柠檬片作为装饰，即可食用。

【特　点】 有菠萝香味，酸甜利口。含有丰富维生素 C，可清热解毒，预防感冒。

5. 油菜苹果橘子汁

【原　料】 油菜250克，苹果1个，橘子2个，菠萝、白糖各50克，橙汁50毫升。

【制　法】 ①油菜洗净，切碎。橘子、菠萝去皮，洗净，切碎。苹果去皮，去心，切碎。 ②将油菜、橘子放榨汁机压出汁，放入装橘菜汁的容器里。苹果、菠萝放入粉碎机粉碎，放入容器里。③加入白糖、橙汁搅拌均匀，倒入玻璃杯里，放入冰粒，放上吸管，杯口插上柠檬片作为装饰。

【特　点】 青绿色，清香味。能治贫血，具有美容养颜作用。

6. 香瓜菠萝芹菜汁

【原　料】 香瓜1个，菠萝250克，芹菜150克，白糖50克，橙汁50毫升。

【制　法】 ①把香瓜去皮、去子、菠萝去皮，洗净，切碎，放入粉碎机粉碎，倒入容器里。 ②芹菜洗净，切碎，放入榨汁机里压出芹菜汁，放入装香瓜、菠萝泥的容器里。 ③加入白糖、橙汁搅拌均匀，倒入圆口高脚葡萄酒杯里，放入冰粒，将柠檬插在杯口上作为装饰。

【特　点】 青绿色，菠萝味，香甜利口。能消除疲劳，利尿益肾，又健胃。

7. 生菜芹菜橘子汁

【原　料】 生菜、芹菜各250克，橘子2个，白糖50克，橙汁50毫升。

【制　法】 ①将橘子、生菜、芹菜洗净，切碎，放入榨汁机里压出汁，放入容器里。 ②加入白糖、橙汁搅拌均匀，倒入啤酒杯里，加入冰粒，放入吸管，将柠檬片插在杯口作为装饰，即可食用。

【特　点】 淡橘色，清淡爽口。含有丰富维生素C，可预防伤风感冒。

8. 菠菜芹菜芒果汁

【原　料】 菠菜、芹菜各250克，芒果200克，白糖50克，胡萝卜汁50毫升。

【制　法】 ①把菠菜、芹菜洗净，切碎，放入榨汁机里压出菜汁，倒入容器里。　②芒果去掉外皮，去核，洗净，切碎，放入粉碎机粉碎，也倒入装菜汁的容器里。　③加入胡萝卜汁、白糖搅拌均匀，倒入圆肚高脚葡萄酒杯里，放入冰粒，把柠檬片插入杯口上作为装饰。

【特　点】 黄绿色，汁浓味淡。防止胃酸过多，促进血液循环。

9. 番茄苦瓜黄瓜黄蜜桃汁

【原　料】 番茄、苦瓜、黄瓜各100克，黄桃200克，白糖50克，鲜橙汁50毫升。

【制　法】 ①番茄、苦瓜、黄瓜洗净，番茄去掉尾部，苦瓜去掉心、子，黄瓜去掉尾部、心部，三种原料一起切碎，放入榨汁机里压出菜汁，放入容器里。　②黄桃洗净，去掉外皮，去核，切碎，放入粉碎机里粉碎，倒入装菜汁的容器里。　③加入白糖、橙汁搅拌均匀，倒入高脚玻璃杯里，加入冰粒，放入吸管，将鲜橙片插在杯口上作为装饰，即可食用。

【特　点】 色泽红艳，味甜酸微苦。含有丰富维生素E，能补肾，美容。

10. 菠菜苦瓜杨桃汁

【原　料】 菠菜250克，苦瓜100克，杨桃150克，白糖50克，葡萄汁、鲜牛奶各50毫升。

【制　法】 ①把菠菜洗净，切碎。苦瓜、杨桃洗净，苦瓜切两片，去子；杨桃切开，去掉子；苦瓜、杨桃切碎。三种原料一起放入榨汁机里压出菜汁，倒入容器里。　②放入白糖、葡萄汁、牛奶搅拌均匀，倒入啤酒杯里，加入冰粒，放入吸管，将柠檬片插在杯口上作为装饰。

【特　点】 青绿色，奶香味，微苦。能清热，降血压，降低胆固醇。

11. 菠菜苦瓜芹菜苹果汁

【原　料】 菠菜 250 克，苦瓜、芹菜、苹果各 150 克，白糖 50 克，胡萝卜汁 50 毫升。

【制　法】 ①把菠菜、芹菜洗净，切碎。苦瓜洗净，切两片，去心、子。苹果去皮，去心，切成碎块。　②四种原料放入榨汁机里压出菜汁，放入容器里。　③加入白糖、胡萝卜汁搅拌均匀，倒入啤酒杯里，加入冰粒，放入吸管，将猕猴桃片插在杯口边上作为装饰。

【特　点】 可清血，降血压，对动脉粥样硬化有疗效。

12. 苦瓜苹果酸奶汁

【原　料】 苦瓜、苹果各 250 克，酸奶 1 瓶，胡萝卜汁、橙汁各 50 毫升，白糖 50 克。

【制　法】 ①苦瓜洗净，切开，去子。苹果去皮、心，切碎。②一起放入榨汁机压出菜汁，倒入容器内。　③加入酸奶、胡萝卜汁、橙汁、白糖搅拌均匀，倒入圆肚高脚葡萄酒杯里，加入冰粒，放入吸管，在杯口边插上菠萝片作为装饰。

【特　点】 含丰富高蛋白，高热量，能增强体力，去除疲劳。

13. 番茄生菜菠萝营养果汁

【原　料】 生菜、菠萝、苹果、马蹄（荸荠）各 100 克，番茄沙

司、白糖各50克，葡萄汁50毫升。

【制　法】 ①把生菜、菠萝、马蹄(去皮)洗净，切碎，放入榨汁机里压出汁，放入容器里。 ②苹果去皮、心，切碎，放入粉碎机里粉碎，倒入果菜汁的容器里。 ③加入番茄汁、葡萄汁、白糖搅拌均匀，倒入啤酒杯里，放入冰粒，插上吸管，再把橙子片插在杯口边作为装饰，即可食用。

【特　点】 含有多种维生素，可清热，通便，润肠。

14. 黄金瓜香蕉酸奶汁

【原　料】 黄金瓜250克，香蕉2根，酸奶1瓶，葡萄汁50毫升。

【制　法】 ①黄金瓜、香蕉洗净，去皮，切碎，放入粉碎机里粉碎，倒入容器里。 ②放入酸奶、葡萄汁搅拌均匀，倒入高脚玻璃杯里，加入冰粒，把菠萝片插在杯口边作为装饰。

【特　点】 含有多种维生素。

15. 菠萝番茄苹果汁

【原　料】 菠萝、苹果各100克，番茄50克，杨桃汁50毫升，白糖25克。

【制　法】 ①把番茄、苹果洗净，去掉外皮，切碎。菠萝去皮，洗净，切碎。 ②将菠萝、番茄、苹果三种原料一起放入粉碎机粉碎，倒入容器里。 ③放入杨桃汁、白糖搅拌均匀，倒入啤酒杯里，放入冰粒，把柠檬片插在杯口边作为装饰。

【特　点】 含多种维生素，蛋白质。

16. 香橙杨桃苹果汁

【原　料】 香橙去皮、苹果各1个，杨桃2个，蜂蜜50克，柠檬汁50毫升，马蹄100克。

【制　法】 ①香橙、杨桃去子，切碎。马蹄、苹果去皮，去心，洗净，切碎。 ②四种原料一起放入粉碎机里粉碎，倒入容器里。③加入蜂蜜、柠檬汁搅拌均匀，倒入玻璃杯里，放入冰粒，插上吸管，再把香橙片插在杯口边，即可食用。

【特 点】 润肺，可治气管炎、感冒。

17. 酸奶木瓜胡萝卜汁

【原 料】 酸奶1瓶，木瓜250克，胡萝卜100克，菠萝汁50毫升，葡萄糖10克。

【制 法】 ①把木瓜、胡萝卜洗净，去皮。胡萝卜蒸熟，和木瓜一起切碎，放入榨汁机里压出汁，放入容器里。 ②加入酸奶、菠萝汁、葡萄汁搅拌均匀，倒入啤酒杯里，加入冰粒，放入吸管，把香橙片插在杯口边作为装饰。

【特 点】 健身、滋补、去疲劳，增加营养。

18. 香菇木瓜海带汁

【原 料】 水发香菇，水发海带，水发木耳，木瓜各100克，白糖、蜂蜜各50克，酸枣汁50毫升。

【制 法】 ①把香菇、木耳、海带洗净，切碎。木瓜去皮，洗净，切碎。 ②四种原料放入粉碎机里粉碎后，倒入容器里。③加入蜂蜜、酸枣汁搅拌均匀，倒入啤酒杯里，加入冰粒，放入吸管，杯口再插上切好的柠檬片作为装饰。

【特 点】 能降低胆固醇，防止动脉硬化。

19. 草莓柠檬胡萝卜汁

【原 料】 草莓250克，柠檬1个，胡萝卜100克，蜂蜜50克，橘子汁50毫升。

【制 法】 ①把草莓、鲜柠檬、胡萝卜(去皮蒸熟)洗净，切碎，放入粉碎机里粉碎，倒入葡萄酒杯。 ②调入蜂蜜、橘子汁搅拌均

匀，加入冰粒，放入吸管，把切好的柠檬片插在杯口上作为装饰。

【特　点】 含有多种维生素，有滋润皮肤的功能。

20. 鹌鹑蛋柠檬豆浆汁

【原　料】 鹌鹑蛋10个，豆浆250毫升，鲜柠檬汁50毫升，白糖50克。

【制　法】 ①把鹌鹑蛋磕入碗中，搅拌均匀。豆浆烧开，淋上鹌鹑蛋液。 ②放入白糖，淋入柠檬汁，晾凉，倒入玻璃杯里，加入冰粒，放入吸管，再把切好的柠檬片插在口杯上作为装饰。

【特　点】 高蛋白、低脂肪，适合糖尿病患者食用。

21. 草莓酸奶汁

【原　料】 鲜草莓10粒，酸奶250毫升，熟鸡蛋1个，柠檬汁50毫升，蜂蜜10克。

【制　法】 草莓去根部，洗净。和熟鸡蛋同放入粉碎机里粉碎，加入酸奶、蜂蜜搅拌均匀，倒入啤酒杯里，将柠檬汁倒入杯中，加入冰粒即可食用。

【特　点】 含有维生素C，可健身，养颜。

22. 草莓芒果汁

【原　料】 草莓10粒，芒果250克，矿泉水50毫升。

【制　法】 ①把草莓洗净，去掉蒂部，切成小丁。 ②芒果洗净，去皮、去核，切碎，放入榨汁机里，对入矿泉水压出汁来，倒入玻璃杯里，上面放上草莓丁，再加入冰粒，即可食用。

【特　点】 含有维生素E，高蛋白、低脂肪，能强身健体。

23. 香芹木瓜汁

【原　料】 香芹100克，木瓜250克，菠萝汁20毫升，蜂蜜

10克。

【制　法】 ①把香芹洗净，切碎。芒果洗净，去皮、去核，切碎。 ②两种原料一起放入榨汁机里，对入菠萝汁、蜂蜜压出果汁，倒入玻璃杯里，放入冰粒，即可食用。

【特　点】 含维生素C、果酸，可作为高血压患者的饮料。

24. 鲜牛奶柠檬白桃汁

【原　料】 鲜牛奶1袋，鲜柠檬汁50毫升，白桃果汁100毫升。

【制　法】 把鲜牛奶放入搅拌杯里，对入白桃汁搅拌均匀，倒入啤酒杯里，倒入鲜柠檬汁，放入冰粒，即可饮用。

【特　点】 能促进人体内循环，增强体质。

25. 马蹄橙子汁

【原　料】 马蹄150克，香橙2个，菠萝汁50毫升，蜂蜜10克。

【制　法】 ①把马蹄洗净，去皮，切碎。香橙去皮，洗净，切碎。 ②一起放入榨汁机里，对入菠萝汁、蜂蜜压出果汁，倒入高脚玻璃杯里，放入冰粒，即可食用。

【特　点】 含有维生素C，可清热，防暑，降温。

26. 蜜橘菠萝汁

【原　料】 蜜橘10个，菠萝200克，鸡蛋1个，白兰地10毫升。

【制　法】 ①把蜜橘洗净，切碎。菠萝切碎。 ②一起放入榨汁机里，对入鸡蛋、白兰地搅拌均匀，压出果汁，倒入玻璃杯里，放入冰粒，即可食用。

【特　点】 能增强体力，补肾养血。

27. 香瓜葡萄汁

【原　料】 香瓜1个，葡萄250克，雪碧100毫升，葡萄酒10

毫升。

【制 法】 ①把香瓜洗净,去皮洗净、切碎,去心、子,切碎。葡萄洗净。②一起放入榨汁机里,对入雪碧、葡萄酒压出果汁,倒入玻璃杯里,放入冰粒,即可饮用。

【特 点】 含有多种维生素,可美容,增强体质。

28. 芹菜胡萝卜生菜汁

【原 料】 鲜芹菜150克,胡萝卜、生菜各100克,雪碧100毫升,柠檬2片,威士忌10毫升。

【制 法】 ①把芹菜去根,洗净,切碎。胡萝卜去皮。生菜洗净,切碎。 ②三种原料一起放入榨汁机里,对入雪碧、威士忌压出果汁,倒入玻璃杯里,放入冰粒即可饮用。

【特 点】 能补肾、补血、降血压,增强体质。

29. 芹菜苹果胡萝卜汁

【原 料】 芹菜、胡萝卜各100克,苹果2个,橘子汁50毫升,白兰地10毫升。

【制 法】 ①把芹菜去根,洗净,切碎。苹果去皮、核,切碎。胡萝卜去皮,洗净,切碎。 ②将三种原料放入榨汁机里,对入橘子汁、白兰地压出果汁,倒入高脚玻璃杯里,放入冰粒,即可食用。

【特 点】 有清血净血,降压功能。

30. 杨桃荔枝柠檬汁

【原 料】 杨桃2个,荔枝10粒,鲜柠檬1个,柠檬汁100毫升。

【制 法】 ①杨桃洗净,去核,切碎。荔枝去皮,去核,切碎。柠檬洗净,切碎。 ②把三种水果放入榨汁机里,对入鲜柠檬汁,压出果汁,倒入玻璃杯里,放入冰粒,即可饮用。

【特 点】 含有多种维生素,可健脑强身,增强体质。

31. 柠檬白梨汁

【原　料】 柠檬1个,白梨250克,矿泉水100毫升,白兰地10毫升。

【制　法】 ①把柠檬洗净,去子,切碎。白梨去皮、核,洗净,切碎。 ②一起放入榨汁机里,对入矿泉水、白兰地压出果汁,倒入玻璃杯里,放入冰粒,插上吸管,即可饮用。

【特　点】 含有柠檬酸、多种维生素,可美容,增强体质。

32. 苹果枸杞子苦瓜汁

【原　料】 国光苹果200克,枸杞子50克,香橙汁50毫升,苦瓜100克。

【制　法】 ①把苹果洗净,去皮、核,切碎。枸杞子泡发10分钟,洗净。 ②一同放入榨汁机里,对入香橙汁,压出果汁,倒入啤酒杯里,放入枸杞子、冰粒,插入吸管,即可饮用。

【特　点】 清热利尿,清肠胃,助消化。

33. 酸奶香蕉葡萄汁

【原　料】 酸奶150毫升,香蕉1根,葡萄100克,柠檬汁50毫升。

【制　法】 ①把香蕉去皮,切碎。葡萄洗净。 ②一起放入榨汁机里,对入酸奶、柠檬汁压出果汁,倒入高脚杯里,放入冰粒,插入吸管,即可饮用。

【特　点】 含有维生素、高蛋白,可增强身体活力(葡萄子不必去掉)。

34. 果菜汁

【原　料】 香菇、油菜、苦瓜、芹菜各50克,雪碧50毫升,苹

果200克。

【制　法】①把香菇、油菜、芹菜洗净，切碎。再把苦瓜、苹果去心、子，切碎。　②五种原料一起放入榨汁机里，对入雪碧一起压出果汁，倒入玻璃杯里，放入冰粒，插入吸管，即可饮用。

【特　点】养血、补气、开胃、助食，有抗衰老功能，可净血、清血，促进血液循环，是糖尿病、高血压患者的好饮料。

35. 菠萝木瓜紫菜头汁

【原　料】菠萝、木瓜、紫菜头各50克，菠萝汁、柠檬汁各50毫升，蜂蜜20克。

【制　法】①把菠萝去皮，洗净，切碎。紫菜头洗净，去皮，切碎。木瓜洗净，去皮，去子。　②三种原料同放入榨汁机里，对入蜂蜜、菠萝汁、柠檬汁压出果汁，倒入高脚杯里，放上冰粒，插入吸管，即可饮用。

【特　点】可促进抗病能力，缓解视力疲劳。

36. 白果百合香橙汁

【原　料】白果仁、鲜百合各50克，矿泉水、柠檬汁各50毫升，香橙1个，蜂蜜25克。

【制　法】①把白果、百合洗净。香橙洗净，去皮、子，切碎块。　②三者同放入榨汁机里，对入矿泉水、柠檬汁、蜂蜜压出果汁，倒入啤酒杯，加入冰粒，插入吸管即可饮用。

【特　点】含多种维生素、果酸。对人体有保健功能，可滋润皮肤。

37. 苦瓜菠萝芹菜汁

【原　料】苦瓜、菠萝各100克，芹菜、蜂蜜各50克，矿泉水50毫升。

【制　法】①苦瓜去心、子。芹菜去老根，切碎。菠萝去皮，洗净，切碎。　②三种原料一起放入榨汁机里，对入蜂蜜、矿泉水压出果汁，倒入高脚玻璃杯里，放入冰粒，插入吸管，即可饮用。

【特　点】可增强体力，防止便秘。

38. 番茄胡萝卜酸奶汁

【原　料】鲜番茄100克，胡萝卜、蜂蜜各50克，酸奶250毫升，柠檬2片。

【制　法】①番茄洗净，去皮，去子，清洗干净，切碎。胡萝卜去皮，洗净，焯水，沥净水，切碎。　②一起放入榨汁机里，对入酸奶、蜂蜜压出果汁，倒入玻璃杯里，放入冰粒，插入吸管，挤入柠檬汁，即可饮用。

【特　点】金红色，有酸奶味。含有维生素A、维生素C，可防止贫血。

39. 油菜胡萝卜苹果汁

【原　料】油菜、胡萝卜、蜂蜜各50克，柠檬汁50毫升，苹果100克。

【制　法】①油菜、胡萝卜、苹果洗净，油菜去根，胡萝卜去皮，焯水，过凉，苹果去皮、心、子。　②三种原料一起切碎，放入榨汁机里，对入蜂蜜柠檬汁压出果汁，倒入玻璃杯里，放入冰粒，插入吸管，即可饮用。

【特　点】黄红色，微甜可口。有强化肝脏功能的作用。

40. 番茄菠萝汁

【原　料】番茄、菠萝各100克，柠檬汁100毫升，蜂蜜50克。

【制　法】①把番茄洗净，去皮、心、子。菠萝去皮，冲洗干净。　②两种原料切碎，放入榨汁机里，对入柠檬汁、蜂蜜压出果

汁，倒入红葡萄酒杯里，加入冰粒，插入吸管，即可饮用。

【特　点】 红黄色，酸甜有水果清香味。可净化血液，缓解精神疲劳。

41. 什锦蔬菜水果汁

【原　料】 芦笋、芹菜、莴笋各 50 克，矿泉水 50 毫升，橘子、鲜菇各 25 克，菠萝汁、柠檬汁各 30 毫升。

【制　法】 ①把芦笋、莴笋去皮，洗净，切碎。芹菜去老根。橘子洗净，切碎。鲜菇去皮，洗净，切碎。 ②一起放入榨汁机里，对入矿泉水、蜂蜜、柠檬汁压出果菜汁，倒入高脚玻璃杯里，加入冰粒，插入吸管，即可饮用。

【特　点】 青绿色，清香可口。具有祛火利尿，防止痛风的作用。

42. 葡萄苹果菠萝汁

【原　料】 葡萄、苦瓜各 200 克，苹果、菠萝各 100 克，矿泉水、柠檬汁各 20 毫升，蜂蜜 20 克。

【制　法】 ①把葡萄洗净。苹果、菠萝去皮、心、子，切碎。苦瓜切开，去心、子，切碎。 ②四种原料一起放入榨汁机里，对入矿泉水、柠檬汁、蜂蜜压出果菜汁，倒入玻璃杯里，加入冰粒，插入吸管，即可饮用。

【特　点】 水果清香，略带苦味。可恢复体力，防止便秘。

43. 苹果酸奶汁

【原　料】 红富士苹果 250 克，酸奶、柠檬汁各 250 毫升，蜂蜜 25 克，生菜 100 克。

【制　法】 ①把苹果洗净，去皮，去心、子，切碎。生菜洗净，切碎。 ②一起放入榨汁机里，对入酸奶柠檬汁、蜂蜜压出果菜汁，倒入玻璃杯里，加入冰粒，插入吸管，即可饮用。

【特　点】 汁浓微甜酸。促进消化，改善体质。

44. 蔬菜水果汁

【原　料】 生菜、黄瓜、红富士苹果各 100 克，矿泉水、柠檬汁各 50 毫升，蜂蜜 25 克。

【制　法】 ①生菜、黄瓜洗净，切碎。苹果洗净，去皮、心、子，切碎。 ②三种原料一起放入榨汁机里，对入矿泉水、柠檬汁、蜂蜜压出果菜汁，倒入高脚玻璃杯里，加入冰粒，即可饮用。

【特　点】 含有多种维生素，高蛋白，可净血养颜。

45. 番茄猕猴桃汁

【原　料】 番茄、苦瓜、猕猴桃、菠萝各 100 克，矿泉水、柠檬汁各 50 毫升。

【制　法】 ①把番茄去皮、子，洗净，切碎。苦瓜洗净，切开，去心、子，洗净，切碎。猕猴桃、菠萝去皮，洗净，切碎。 ②将四种原料一起放入榨汁机里，对入矿泉水、柠檬汁压出果菜汁，倒入高脚杯里，加入冰粒，插入吸管，即可饮用。

【特　点】 经常饮用可降血糖、血脂，预防糖尿病。

46. 黄瓜蜜瓜汁

【原　料】 黄瓜、蜜瓜各 150 克，木耳浆 100 毫升，柠檬 2 片，白兰地 20 毫升，蜂蜜 25 克。

【制　法】 ①把黄瓜洗净，切碎。蜜瓜去皮、子，洗净，切碎。②和木耳浆一起放入榨汁机里，对入白兰地、蜂蜜后压出果菜汁，倒入玻璃杯里，加入冰粒，挤入柠檬汁，插入吸管，即可饮用。

【特　点】 滋润皮肤，养颜美容。

47. 健美汁

【原　料】 苹果、香橙各100克，胡萝卜、菠菜各50克，柠檬汁、矿泉水各50毫升，白兰地10毫升。

【制　法】 ①把苹果洗净，去皮、心、子，切碎。香橙去皮，去子，洗净，切碎。胡萝卜去皮。菠菜去根，洗净，切碎。 ②将四种原料放入榨汁机里，对入白兰地、柠檬汁、矿泉水后压出果菜汁，倒入玻璃杯里，加上冰粒，插上吸管，即可饮用。

【特　点】 含有丰富蛋白质、多种维生素，可滋润皮肤，增强体质。

48. 香蕉酸奶汁

【原　料】 黄瓜100克，香蕉2根，酸奶250毫升，山楂汁、柠檬汁各50毫升。

【制　法】 ①把香蕉去皮，切碎。黄瓜洗净，切碎。 ②一起放入榨汁机里，倒入酸奶，对入山楂汁、柠檬汁后压出果菜汁，倒入啤酒杯里，加入冰粒，插入吸管，即可饮用。

【特　点】助消化，可润肠、通便。

49. 酸奶芒果汁

【原　料】 酸奶250毫升，芒果100克，鲜柠檬2片，矿泉水50毫升，蜂蜜20克。

【制　法】 ①把芒果洗净，去掉外皮，去核，切碎。 ②和酸奶一起放入榨汁机里，对入矿泉水、蜂蜜，压出果汁，倒入玻璃杯里，加入冰块，插入吸管，杯口插上柠檬片，即可饮用。

【特　点】 益胃止血，解渴利尿，清火。

50. 西瓜汁

【原　料】 西瓜500克，矿泉水、柠檬汁各50毫升，蜂蜜20克。

【制　法】 西瓜去掉硬皮，去子，切碎，放入榨汁机里，对入矿泉水、蜂蜜、柠檬汁，压出果汁，倒入高脚杯里，加入冰块，插入吸管，即可饮用。

【特　点】 可降低血压、胆固醇，促进新陈代谢。

51. 芒果鲜奶汁

【原　料】 芒果200克，鲜奶200毫升，蜂蜜20克，白兰地20毫升，柠檬汁50毫升。

【制　法】 把芒果洗净，去皮、核，切碎，放入榨汁机里，对入鲜奶、蜂蜜、白兰地、柠檬汁后压出果汁，倒入葡萄酒杯里，加入冰块，插入吸管，即可饮用。

【特　点】 含有多种维生素、蛋白质，滋润皮肤，有美容功效。

52. 苹果香瓜汁

【原　料】 红富士苹果250克，香瓜200克，矿泉水、柠檬汁各50毫升，蜂蜜20克。

【制　法】 将苹果、香瓜洗净，去皮、心、子，切碎，放入榨汁机里，对入矿泉水、柠檬汁、蜂蜜，压出果汁后，倒入葡萄酒杯里，加入冰块，插入吸管，即可饮用。

【特　点】 含有多种维生素、果酸，可促进消化，预防便秘。

53. 酸枣汁

【原　料】 酸枣250克，大枣100克，矿泉水150毫升，柠檬50克，蜂蜜20克。

【制　法】 把酸枣、大枣洗净，浸泡1小时，洗净，去枣核，切

碎，放入榨汁机里，对入矿泉水、柠檬汁、蜂蜜后压出果汁，倒入高脚玻璃杯里，加入冰块，插入吸管，即可饮用。

【特　点】 含有多种维生素、果酸，可促进血管循环，降血压。

54. 杏仁汁

【原　料】 鲜杏仁(甜)150 克，苦杏仁 50 克，柠檬汁 50 毫升，矿泉水 100 毫升，蜂蜜 20 克。

【制　法】 将甜杏仁、苦杏仁浸泡 1 小时，去皮，洗净，切碎，放入榨汁机里，对入矿泉水、蜂蜜、柠檬汁后压出果汁，倒入玻璃杯里，加入冰块，插入吸管，即可饮用。

【特　点】 可滋润皮肤，防衰老，可增强体质。

55. 南瓜汁

【原　料】 南瓜 250 克，矿泉水 100 毫升，柠檬汁 50 毫升，蜂蜜 20 克，白兰地 10 毫升。

【制　法】 把南瓜洗净，去皮、子，切碎，蒸熟，晾凉，放入榨汁机里，对入矿泉水、柠檬汁、蜂蜜、白兰地，压出菜汁后，倒入高脚玻璃杯里，加入冰块，插入吸管，即可饮用。

【特　点】 含有多种维生素，常吃可降脂肪和血糖，预防糖尿病。

56. 红豆沙汁

【原　料】 红小豆 100 克，矿泉水 100 毫升，橘子汁 50 毫升，蜂蜜 20 克，柠檬 1 片。

【制　法】 把红小豆洗净，浸泡半天，蒸熟，晾凉，放入榨汁机里，对入矿泉水、橘子汁、蜂蜜后压出汁，倒入玻璃杯里，加入冰块，插入吸管，杯口插上柠檬片，即可饮用。

【特　点】 生津、补血。

57. 豌豆沙汁

【原　料】 豌豆100克,矿泉水100毫升,柠檬汁50毫升,蜂蜜20克。

【制　法】 把豌豆洗净,浸泡半天,蒸熟蒸烂,晾凉后,放入榨汁机里,对入矿泉水、柠檬汁、蜂蜜后压出汁,倒入葡萄酒杯里,加入冰块,插入吸管,即可饮用。

【特　点】 具有益气和中、利尿,预防糖尿病等病症。

58. 黄桃汁

【原　料】 黄桃150克,矿泉水100毫升,柠檬汁50毫升,蜂蜜20克。

【制　法】 把黄桃洗净,去皮、核,切碎,放入榨汁机里,对入矿泉水、柠檬汁、蜂蜜后压出果汁,倒入玻璃杯里,加入冰块,插入吸管,即可饮用。

【特　点】 生津活血,润肠通便。

59. 白桃汁

【原　料】 白桃150克,矿泉水100毫升,柠檬汁50毫升,蜂蜜20克。

【制　法】 把白桃洗净,去皮、核,切碎,放入榨汁机里,对入矿泉水、柠檬汁、蜂蜜后压出果汁,倒入玻璃杯里,加入冰块,插入吸管,即可饮用。

【特　点】 消积、止喘,可降压,又能美容养颜。

60. 樱桃汁

【原　料】 鲜樱桃250克,矿泉水100毫升,柠檬汁50毫升,蜂蜜、红葡萄酒各20毫升。

【制　法】把樱桃洗净，去把、子，切碎，放入榨汁机里，对入矿泉水、柠檬汁、蜂蜜、红葡萄酒后压出果汁，倒入玻璃杯里，加入冰块，插入吸管，即可饮用。

【特　点】可治病后体弱，气血不足，具有保健作用。

61. 枇杷汁

【原　料】鲜枇杷 250 克，矿泉水 100 毫升，菠萝汁 50 毫升，柠檬汁 50 毫升，蜂蜜 20 克。

【制　法】把枇杷洗净，去蒂把、核，切碎，放入榨汁机里，对入矿泉水、菠萝汁、蜂蜜、柠檬汁后压出果汁，倒高脚玻璃杯里，加入冰块，插入吸管，即可饮用。

【特　点】可滋润皮肤、祛斑、美容。

62. 密瓜汁

【原　料】哈密瓜 250 克，矿泉水 100 毫升，香橙汁 50 毫升，蜂蜜 20 克。

【制　法】把哈密瓜去皮、子，洗净，切碎，放入榨汁机里，对入矿泉水、香橙汁、蜂蜜后压出果汁，倒入玻璃杯里，加入冰块，插入吸管，即可饮用。

【特　点】清热润肠，助消化。

63. 香芋汁

【原　料】香芋 250 克，矿泉水 100 毫升，柠檬汁 50 毫升，蜂蜜 20 克。

【制　法】把香芋去皮，洗净，切碎，蒸熟蒸烂，放入榨汁机里，对入矿泉水、柠檬汁、蜂蜜后压出汁，倒入葡萄酒杯里，加入冰块，插入吸管，即可饮用。

【特　点】通肠散瘀。

64. 生姜汁

【原　料】 鲜姜 150 克，矿泉水 100 毫升，香橙汁 50 毫升，蜂蜜 20 克。

【制　法】 把鲜姜洗净，去掉外皮，切碎，放入榨汁机里，对入矿泉水、香橙汁、蜂蜜后压出汁，倒入玻璃杯里，加入冰块，插入吸管，即可饮用。

【特　点】 清热，散寒，化淤，降压。

65. 草莓汁

【原　料】 鲜草莓 200 克，矿泉水 100 毫升，橘子汁 50 毫升，蜂蜜 20 克。

【制　法】 把草莓去蒂，洗净，切碎，放入榨汁机里，对入矿泉水、橘子汁、蜂蜜后压出果汁，倒入葡萄酒杯里，加入冰块，插入吸管，即可饮用。

【特　点】 清热润肺，止咳化痰。

66. 杨梅汁

【原　料】 鲜杨梅 150 克，矿泉水 100 毫升，香橙汁 50 毫升，蜂蜜 20 克。

【制　法】 把杨梅洗净，去根、核，切碎，放入榨汁机里，对入矿泉水、香橙汁、蜂蜜后压出果汁，倒入葡萄酒杯里，加入冰块，插入吸管，即可饮用。

【特　点】 有生津解渴，和胃消食，消痰止血的功能。

67. 核桃汁

【原　料】 核桃仁 200 克，矿泉水 100 毫升，柠檬汁 50 毫升，蜂蜜 20 克。

【制　法】 把核桃仁洗净，浸泡半天，去掉外皮，切碎，放入粉碎机里，对入矿泉水、柠檬汁、蜂蜜后调匀，倒入玻璃杯里，加入冰块，插入吸管，即可饮用。

【特　点】 补肾固精，温肺定喘，润肠通便。

68. 荸荠汁

【原　料】 鲜荸荠 250 克，鲜奶 50 毫升，矿泉水 100 毫升，蜂蜜 20 克，柠檬 2 片。

【制　法】 把荸荠去皮，洗净，切碎，放入榨汁机里，对入牛奶、矿泉水、蜂蜜后压出汁，倒入葡萄酒杯里，加入冰块，杯口插上柠檬片，插入吸管，即可饮用。

【特　点】 清热化痰、消积润肠。

69. 薄荷柠檬汁

【原　料】 鲜薄荷叶 25 克，柠檬、香橙汁各 50 毫升，矿泉水 100 毫升，蜂蜜 20 克。

【制　法】 把薄荷叶、鲜柠檬洗净，柠檬去子，切碎，放入榨汁机里，对入香橙汁、矿泉水、蜂蜜后压出果汁，倒入高脚杯里，加入冰块，插入吸管，即可饮用。

【特　点】 生津祛暑，化痰止咳，健脾消食功能。

70. 橘子椰子甜饮

【原　料】 橘子 50 克，菠萝汁、椰子汁各 20 克，柠檬、橘子各 1 片，碎冰 150 克。

【制　法】 橘子去皮，放入粉碎机中粉碎，倒入玻璃杯中，加入菠萝汁、椰子汁拌和，放入碎冰，放入柠檬片和橘子片作为装饰。

【特　点】 酸甜浓郁。

71. 柠檬生姜水

【原　料】 柠檬 1/2 个，生姜汁 120 毫升，精制糖 15 克，柠檬 1 片，冰 3～4 块。

【制　法】 挤出柠檬汁，将柠檬汁及精制糖充分搅拌，放入生姜汁，最后放上冰块和柠檬片。

【特　点】 甜酸有点辣口。

72. 柠檬柑子水

【原　料】 柠檬 1/2 个，精制糖 15 克，水 150 毫升，柑子汁 20 毫升，碎冰 100 克，柠檬 2 片。

【制　法】 将柠檬榨汁，加入精制糖和水后充分搅拌，倒入玻璃杯中，放入碎冰，再轻轻倒入柑子汁，最后放入柠檬片作为装饰品。

【特　点】 美丽的橙色，甜酸味。

73. 香蕉葡萄汁

【原　料】 香蕉半根，碎冰 150 克，葡萄汁 40 克，生姜汁 70 克，精制糖 10 克。

【制　法】 将香蕉、葡萄汁和精制糖放入搅拌容器内充分搅拌，倒入玻璃杯中，放入生姜汁，再加入碎冰。

【特　点】 味道独特，有点辣口。

74. 菠萝饮料

【原　料】 菠萝 100 克，水 100 毫升，冰 3～4 块，菠萝香精少许，菠萝片 50 克。

【制　法】 菠萝与水 100 克一起放入粉碎机内充分粉碎，倒入玻璃杯中，加入香精，菠萝片放入杯底作为装饰，上面加上冰块。

【特　点】 有菠萝清香味。

75. 生姜菠萝汁

【原　料】 菠萝汁60毫升，生姜汁70毫升，精制糖10克，香蕉1片，碎冰150克。

【制　法】 菠萝汁和糖倒入玻璃杯里搅拌，放入碎冰，轻轻倒入生姜汁，最后放入香蕉片。

【特　点】 辣甜，有菠萝清香味。

76. 苹果汁

【原　料】 苹果半个，精制糖10克，碎冰150克，水100毫升，盐少许，苹果2片。

【制　法】 苹果削皮去子，和水、糖及盐一起放入粉碎机内充分粉碎，倒入玻璃杯中，加入碎冰，放入苹果片作为装饰。

【特　点】 苹果清香。

77. 蜂蜜苹果汁

【原　料】 苹果半个，苹果酸5克，冰3～4块，水100毫升，蜂蜜30克。

【制　法】 苹果削皮，去心，加水，在搅拌容器内充分搅拌，加入蜂蜜和苹果酸拌和，倒入杯中，加入冰块。

【特　点】 苹果香带点蜂蜜味儿。

78. 菠萝黄桃汁

【原　料】 黄桃半个，碎冰100克，酵母乳、精制糖各10克，菠萝汁60毫升，菠萝1片(约50克)，水50毫升。

【制　法】 将黄桃、酵母乳、糖、水、碎冰及菠萝汁放入大玻璃杯中充分搅匀，放入一片菠萝片作装饰品。

【特　点】 橙黄色，甜香浓郁。

79. 香瓜汁

【原　料】 香瓜、水各100毫升，香瓜浓汁10毫升，碎冰50克，精制糖5克。

【制　法】 将香瓜削皮，去子，放入粉碎机内和其余配料一起充分粉碎，倒入玻璃杯中。

【特　点】 新鲜香瓜味。

80. 牛奶香瓜冻

【原　料】 香瓜80克，牛奶60毫升，香瓜浓汁20毫升，精制糖10克，水40毫升，碎冰50克。

【制　法】 去掉香瓜皮和子，然后和其他配料一起放入粉碎机内，充分粉碎后倒入玻璃杯中。也可将香瓜切成薄片，放在饮料上面作装饰品。

【特　点】 汁浓味鲜。

81. 牛奶香蕉冻

【原　料】 香蕉80克，碎冰60克，牛奶、水各50毫升，香草香精2～3滴，精制糖1克，盐少许。

【制　法】 将全部配料放入粉碎机内充分粉碎，然后倒入玻璃杯中，整个动作要迅速，调配好后立即饮用。

【特　点】 味浓厚，滋补。

82. 香蕉冷饮

【原　料】 香蕉80克，香草香精2～3滴，水50毫升，牛奶60毫升，蜂蜜20克，碎冰150克。

【制　法】 将除碎冰外的全部配料放入粉碎机充分粉碎，倒

入玻璃杯中，然后加入碎冰。应迅速调制，并立即饮用。

【特　点】 味浓厚，滋补。

83. 杏仁冻

【原　料】 杏仁（罐头）3 个，碎冰 100 克，牛奶 100 毫升，杏仁白兰地 2～3 滴。

【制　法】 将配料全部放入粉碎机中，充分粉碎后倒入玻璃杯中。

【特　点】 杏仁味，酒醇香，清凉解暑，清肺。

84. 杏仁椰子汁

【原　料】 杏仁（罐头）3 个，精制糖 10 克，椰子汁、菠萝汁各 20 克，碎冰 150 克。

【制　法】 将杏仁、椰子汁、菠萝汁和糖放入粉碎机充分粉碎，然后倒入玻璃杯中，放入碎冰。

【特　点】 杏仁味，清凉解暑，清肺。

85. 石榴糖浆冷饮

【原　料】 石榴糖浆 100 毫升，碎冰 200 克，柠檬汁 10 毫升。

【制　法】 在大玻璃杯内放入碎冰，再加入石榴糖浆和柠檬汁。

【特　点】 色泽鲜红瑰丽，酸甜味。

【说　明】 石榴糖浆制法：石榴 500 克，去皮、核，留汁，加入 500 克砂糖，加水 600 克，煮沸 3～5 分钟即可。

86. 柚子汁

【原　料】 柚子半个，碎冰 150 克，精制糖 10 克。

【制　法】 将柚子果肉放入粉碎机中粉碎成汁，加入精制糖，倒入玻璃杯中，将碎冰加入杯中。

【特　点】 柚子清香，清凉可口。

87. 柠檬生姜水

【原　料】 柠檬半个，生姜汁 120 毫升，精制糖 15 克，柠檬 1 片，冰 3～4 块。

【制　法】 挤出柠檬汁，倒入杯中，加入糖搅拌，加入生姜汁，最后放上冰块和柠檬片。

【特　点】 风味独特，具有消除疲劳的功效。

88. 草莓生姜饮料

【原　料】 菠萝汁 100 毫升，柠檬汁 20 毫升，碎冰 100 克，生姜汁 200 毫升，草莓 4 片。

【制　法】 将菠萝汁、冰块、柠檬汁及生姜汁放在一起搅匀，再放入草莓片作为装饰。

【特　点】 色泽艳丽明快，口味独特，具有消除疲劳之功效。

89. 黄桃汁(一)

【原　料】 黄桃(罐头)半个，冰块 4～5 块，草莓 2 个，生姜汁 120 毫升，柠檬汁 10 毫升，装饰用草莓 1 个。

【制　法】 将菠萝汁、草莓及柠檬汁放入粉碎机中充分粉碎，倒入玻璃杯中，加入冰块，再加入生姜汁，最后添加一个草莓作装饰。

【特　点】 色泽艳丽明快，口味独特，具有滋补之功效。

90. 黄桃汁(二)

【原　料】 黄桃(罐头)半个，水 100 毫升，精制糖、酵母乳各 10 克，碎冰 60 克。

【制　法】 将全部配料放入粉碎机中充分粉碎，倒入杯中即可。

【特　点】 色泽艳丽明快，口味独特，具有滋补之功效。

91. 樱桃冰冻饮料

【原　料】 酒酿樱桃5颗，杏仁香精2～3滴，精制糖10克，柠檬汁10毫升，碎冰200克，红色素少许，水100毫升，盐少许。

【制　法】 4个樱桃与其他配料放入粉碎机中一起粉碎，倒入玻璃杯中，加入碎冰，最后放上那颗装饰用的樱桃。

【特　点】 带有淡红色，口味独特。

92. 胡萝卜汁

【原　料】 胡萝卜150克，蜂蜜20克，苹果50克，冷水50毫升。

【制　法】 把全部原料倒入粉碎机内粉碎，用筛子将汁与渣分开，在玻璃杯中放入冰，再倒入果汁。

【特　点】 火红色，微甜可口。

93. 果菜汁

【原　料】 芹菜、碎冰各100克，苹果半个，辣椒1个，冷水150毫升，蜂蜜10克，苹果醋1毫升。

【制　法】 将芹菜、苹果、辣椒放入搅拌容器内，再加入冷水充分搅拌，用筛子将汁与渣分开，果菜汁加蜂蜜和苹果醋一起拌和，倒入玻璃杯中，加入碎冰。

【特　点】 带有辣味的果菜汁。

94. 番茄汁

【原　料】 番茄汁300毫升，冰150克。

【制　法】 先把冰放入玻璃杯中，再加入番茄汁。

【特　点】 不带糖的饮料，是夏季的保健饮料。

(二)带汽的果蔬汁饮料

1. 柠檬饮料

【原　料】 柠檬1个,汽水(碳酸水)120毫升,糖浆40毫升,柠檬1片,冰3~4块,樱桃1个。

【制　法】 将柠檬榨出汁,再和汽水、糖浆、冰、樱桃一起放入玻璃杯中。

【特　点】 最常见的碳酸饮料。带汽的辣口、解暑。

【说　明】 糖与水的比例为1.5∶8,配成10%的糖溶液。

2. 金色柠檬水

【原　料】 蛋黄1个,精制糖20克,柠檬1/2个,碎冰50克,汽水(碳酸水)70毫升。

【制　法】 将柠檬榨出汁,放入搅拌机中,和蛋黄、精制糖一起搅拌,倒入玻璃杯中,再倒入汽水,最后加入碎冰。

【特　点】 色泽金黄。

3. 葡萄饮料

【原　料】 葡萄60克,冰4~5块,精制糖10克,汽水(碳酸水)130毫升,水130毫升,装饰用葡萄2颗。

【制　法】 将葡萄去皮、子,放入搅拌容器内,和水及糖一起搅拌,倒入玻璃杯中,加入汽水轻轻调拌,最后放入冰和装饰用葡萄。

【特　点】 清凉解渴。

4. 石榴糖浆冻

【原　料】 石榴糖浆60毫升,泡沫冰淇淋20克,碎冰200克,樱桃1个,碳酸水60毫升。

【制　法】 将石榴糖浆和碎冰放入搅拌容器内，充分搅拌，倒入大玻璃杯中，加入碳酸水，最后放入泡沫冰淇淋当浮体，上层加入樱桃作为装饰。

【特　点】 味甜美，造型可爱。

5. 日出日落

【原　料】 碎冰 150 克，橘子汁(或橘子酱)10 毫升，汽水(碳酸水)100 毫升，柚子汁 60 毫升，带叶芹菜(新鲜)半根，葡萄汁 10 毫升。

【制　法】 将芹菜用盐水腌好，放入榨汁机内，榨成汁，然后把汁倒入玻璃杯中，将碎冰放入杯中，轻轻倒入汽水，不要搅动，轻轻倒入柚子汁，再轻轻倒入橘子汁，最后轻轻倒入葡萄汁。

【特　点】 调配得当，杯内自上而下呈现一种艳丽的颜色，就像太阳的光芒，因而取名“日出日落”。调制应按顺序，以免搅浑。

6. 石榴糖浆苏打

【原　料】 石榴糖浆 40 毫升，汽水(碳酸水)100 毫升，冰 3～4 块。

【制　法】 在玻璃杯内放入冰块，加上石榴糖浆，最后倒入汽水。

【特　点】 清凉解渴，解暑饮料。

7. 夏日欢乐(一)

【原　料】 柠檬汁 30 毫升，汽水(碳酸水)100 毫升，精制糖 6 克，冰 3～4 块，石榴糖浆 10 毫升。

【制　法】 先把冰放入玻璃杯中，加入柠檬汁、精制糖、石榴糖浆以及汽水，轻轻拌和。

【特　点】 清凉解渴，消暑降温。

8. 夏日欢乐(二)

【原　料】 菠萝汁 40 毫升,蛋白 1 个,香瓜汁 10 毫升,冰3～4 块,柠檬汁 6 毫升,汽水(碳酸水)70 毫升,脂奶油 6 克。

【制　法】 将菠萝汁、蛋白、香瓜汁、柠檬汁、脂奶油放入搅拌机中,充分搅拌后倒入玻璃杯中,再添上冰和汽水,轻轻地调拌而成。

【特　点】 清凉解渴,消暑降温,是夏日的美食。

9. 柠檬苏打

【原　料】 柠檬汁 40 毫升,汽水 100 毫升,冰 3～4 块,柠檬 2 片。

【制　法】 在玻璃杯内放入冰块、柠檬汁、汽水,然后加入柠檬片作装饰。

【特　点】 淡黄色,清凉解渴,消暑降温。

10. 什锦水果苏打

【原　料】 什锦水果 50 克,汽水(碳酸水)120 毫升,香瓜浓汁 40 毫升,装饰用樱桃 1 个,冰 3～4 块。

【制　法】 将什锦水果切成薄片,放入粉碎机中,与冰块及香瓜浓汁一起充分粉碎,倒入玻璃杯中,倒入汽水,轻轻拌和,最后添上樱桃作装饰。

【特　点】 色泽艳丽,清凉解渴。

11. 蜂蜜苹果苏打

【原　料】 苹果半个,蜂蜜 30 克,水 30 毫升,冰 3～4 块,苹果酸 5 克,汽水(碳酸水)100 毫升。

【制　法】 ①将苹果削皮,去心,放入粉碎机内,和水、苹果酸

一起粉碎，用筛子捞起果汁，将汁倒入玻璃杯中。 ②将果渣再放入搅拌机，与蜂蜜搅和，倒入杯中，再倒入汽水，放入冰块。

【特　点】 清凉解渴，解暑饮料。

12. 草莓牛奶苏打

【原　料】 草莓 80 克，碎冰 70 克，牛奶 100 毫升，炼乳 10 克，精制糖 15 克，汽水(碳酸水)100 毫升。

【制　法】 将洗净的草莓、牛奶、炼乳、精制糖倒入搅拌机中，充分搅拌，倒入玻璃杯中，最后倒入汽水，放入碎冰。

【特　点】 乳白的饮料中浮着鲜红的草莓，煞是美丽。

13. 蜂蜜苏打

【原　料】 蜂蜜 40 克，汽水(碳酸水)120 毫升，冰 3～4 块，葡萄干 10 粒。

【制　法】 将全部配料放入玻璃杯中轻轻搅拌。

【特　点】 色彩淡雅飘逸，凉爽舒畅。

14. 薄荷苏打

【原　料】 薄荷 40 克，汽水(碳酸水)120 毫升，冰 3～4 块，薄荷叶少量。

【制　法】 将薄荷、冰及汽水放入玻璃杯中，轻轻搅拌，再加薄荷叶作为装饰。

【特　点】 薄荷透心清凉，色泽冰清玉洁。

15. 紫罗兰苏打

【原　料】 紫罗兰汁 40 毫升，汽水(碳酸水)100 毫升，冰块 3～4 块，樱桃 1 个。

【制　法】 先把冰块放入玻璃杯中，倒入紫罗兰汁，然后倒入汽水，不用搅拌，最后放入樱桃作装饰。也可用紫葡萄汁代替紫罗兰汁。

【特　点】 颜色鲜艳，风味独特。

16. 海边掠影

【原　料】 石榴糖浆 30 毫升，汽水（碳酸水）100 毫升，柠檬汁 10 毫升，柠檬 2 片，冰 3～4 块。

【制　法】 将冰块放入玻璃杯中，依照顺序轻轻倒入石榴糖浆、柠檬汁和汽水，不要搅拌，最后放两片柠檬作装饰。

【特　点】 石榴瑰丽的红色，像在海边观日出。

17. 彩色假期

【原　料】 柠檬汁 40 毫升，汽水（碳酸水）30 毫升，碎冰 150 克，柠檬 2 片，生姜汁 150 毫升。

【制　法】 将柠檬汁、汽水、碎冰放入玻璃杯中，倒入生姜汁，最后用柠檬片作装饰。

【特　点】 味酸辣，像假日一样丰富多彩，充满幸福。

18. 幸运的微风

【原　料】 香蕉精汁 20 毫升，冰 3～4 块，橘子浓汁 20 毫升，橘子冻 1 个，香蕉半根，橘子 1 片，汽水（碳酸水）100 毫升。

【制　法】 将香蕉精汁、橘子浓汁、香蕉放进搅拌机里，充分搅拌后倒入玻璃杯中，放入冰块，轻轻倒入汽水，最后添加橘子片作漂浮物。

【特　点】 喝这一款饮料的感受就像在炎热的夏天，吹来一股小风的感觉。

19. 韭菜芹菜苹果汁

【原　料】 韭菜 200 克，芹菜、莴笋各 50 克，苹果 100 克，柠檬汁 50 毫升，苏打水 100 毫升，白糖 25 克。

【制　法】 先把韭菜、芹菜去根，洗净，切碎；莴笋去皮、苹果洗净，苹果去皮、心、子，与莴笋一起切碎，倒入榨汁机里，对入柠檬汁、苏打水、白糖，压出果菜汁，倒入玻璃杯，放入冰粒，插入吸管，即可饮用。

【特　点】 青绿色，清爽利口。防止动脉硬化，并能促进胃肠的蠕动。

20. 西瓜果菜汁

【原　料】 西瓜 500 克，黄金瓜 200 克，香菜、芹菜、蜂蜜各 50 克，柠檬汁、苏打水各 50 毫升。

【制　法】 ①西瓜、黄金瓜分别去皮、子，洗净，切碎。香菜、芹菜去根，洗净，切碎。　②将四种原料放榨汁机里，对入蜂蜜、柠檬汁、苏打水压出果菜汁，倒入玻璃杯里放入冰粒，插入吸管，即可饮用。

【特　点】 红黄色，微甜爽口。可以预防肾病。

21. 木瓜苹果芹菜汁

【原　料】 木瓜、苹果各 250 克，芹菜 100 克，苏打水、柠檬汁各 50 毫升，蜂蜜 25 克。

【制　法】 ①把木瓜、苹果洗净，去掉外皮、心、子，切碎。芹菜洗净，去老根，切碎。　②将三种原料放入榨汁机里，对入苏打水、蜂蜜、柠檬汁压出果汁，倒入啤酒杯里，加入冰粒，插入吸管，即可饮用。

【特　点】 红黄色，微甜爽口。能促进细胞代谢，增强体质，防止便秘。

22. 枇杷杨桃胡萝卜汁

【原　料】 枇杷500克，杨桃200克，胡萝卜100克，蜂蜜25克，苏打水、菠萝汁各50毫升。

【制　法】 ①把枇杷、杨桃洗净，去核，切碎。胡萝卜去皮，洗净，焯水过凉，切碎。　②三种原料一起放入榨汁机里，对入苏打水、蜂蜜、菠萝汁压出果菜汁，倒入啤酒杯里，加入冰粒，插入吸管，即可饮用。

【特　点】 红黄色，汁浓酸甜。清肺止渴，止咳，开气，促进细胞代谢，增强体能。

23. 蔬菜水果汁

【原　料】 番茄200克，芹菜、苹果各100克，橘子150克，苏打水、柠檬汁各50毫升，蜂蜜25克。

【制　法】 ①把番茄、芹菜洗净。番茄去皮、心、子。芹菜去掉根，切碎。苹果、橘子洗净，苹果去皮、心、子，和去皮、去子的橘子一起切碎。②四种原料放入榨汁机里，对入苏打水、柠檬汁、蜂蜜压出果汁，倒入玻璃杯里，加入冰粒，插入吸管，即可饮用。

【特　点】 红色，果味浓郁。含有多种维生素、无机盐，可促进发育和增强体力。

24. 什锦果菜汁

【原　料】 胡萝卜、芹菜、苦瓜各50克，菠萝、猕猴桃各100克，苏打水、柠檬汁各50毫升，蜂蜜25克。

【制　法】 ①胡萝卜、苦瓜洗净，胡萝卜去皮，苦瓜切开，去心、子后切碎。菠萝去皮，猕猴桃去皮，洗净，切碎。　②五种原料放入榨汁机里，对入苏打水、柠檬汁、蜂蜜压出果菜汁，倒入高脚玻

璃杯里，加入冰粒，插入吸管，即可饮用。

【特　点】 黄红色，酸甜味。能促进发育，预防贫血。

25. 生柚葡萄苹果苦瓜汁

【原　料】 生柚1个，葡萄250克，苹果150克，苦瓜200克，蜂蜜25克，苏打水、柠檬汁各50毫升。

【制　法】 ①生柚去皮、子，把果肉洗净，切碎。葡萄粒洗净，去子。苹果、苦瓜洗净，苹果去皮、心、子，苦瓜切开，去心、子，切碎。 ②将四种原料放入榨汁机里，对入苏打水、柠檬汁、蜂蜜压出果菜汁，倒入玻璃杯里，加入冰粒，插入吸管，即可饮用。

【特　点】 含有葡萄糖、果酸，可养颜健身。

26. 香蕉苹果香橙苦瓜汁

【原　料】 香蕉1根，苹果、香橙、苦瓜各100克，蜂蜜25克，苏打水、柠檬汁各50毫升。

【制　法】 ①香蕉去皮。苹果洗净，去皮、心、子，切碎。香橙去皮、去子。苦瓜洗净，去心、子。 ②将四种原料切碎，放入榨汁机里，对入苏打水、柠檬汁压出果菜汁，倒入玻璃杯里，加入冰粒，插入吸管，即可饮用。

【特　点】 可健胃清肠，促进消化，防止便秘。

27. 黄金瓜芹菜汁

【原　料】 黄金瓜、香瓜各100克，苦瓜、芹菜各50克，苏打水、柠檬汁各50毫升，蜂蜜25克。

【制　法】 ①把黄金瓜、香瓜去皮、心、子，洗净，切碎。苦瓜切开，去心、子，洗净，切碎。芹菜去掉老根，洗净，切碎。 ②将四种原料放入榨汁机里，对上苏打水、蜂蜜、柠檬汁压出果菜汁，倒入玻璃杯里，加入冰粒，插入吸管，即可饮用。

【特　点】 可增进食欲，促进胃肠吸收。

28. 苦橙芹菜苦瓜汁

【原　料】 苦橙150克，芹菜、苦瓜各50克，苏打水、白兰地各10毫升，柠檬汁50毫升，蜂蜜25克。

【制　法】 ①把苦橙去皮，洗净，切碎。苦瓜切开，去心、子。芹菜去根，洗净。 ②将三种原料切碎一起放入榨汁机里，对入苏打水、柠檬汁、白兰地、蜂蜜压出果菜汁，倒入啤酒杯里，加入冰粒，即可饮用。

【特　点】 可畅通活血，软化血管，预防高血压。

29. 山楂芹菜柠檬汁

【原　料】 鲜山楂、芹菜各150克，鲜柠檬100克，苏打水、橘子汁、酸梅汁各50毫升，蜂蜜25克。

【制　法】 ①把山楂洗净，切开，去子，切碎。柠檬洗净，切碎。芹菜去老根，洗净，切碎。 ②三种原料一起放入榨汁机里，对入苏打水、橘子汁、酸梅汁、蜂蜜后压出果菜汁，倒入玻璃杯里，加入冰粒，插入吸管，即可饮用。

【特　点】 可降血压、血脂，预防高血压。

30. 西瓜香瓜芹菜汁

【原　料】 西瓜250克，香瓜200克，黄瓜100克，芹菜50克，苏打水、柠檬汁各50毫升，蜂蜜10克。

【制　法】 ①把西瓜去皮、子，切碎。香瓜去皮、子，洗净，切碎。黄瓜、芹菜去根，洗净，切碎。 ②将四种原料放入榨汁机里，对入苏打水、柠檬汁、蜂蜜后压出果菜汁，倒入高脚玻璃杯里，加上冰粒，插上吸管，即可饮用。

【特　点】 清热解毒，润肠，预防便秘。

31. 红果汁

【原　料】 红果200克，柠檬汁、苏打水各50毫升，冰糖10克，白兰地10毫升。

【制　法】 把红果洗净，切开，去子，切碎，放入榨汁机里，对入白兰地、苏打水、柠檬汁、冰糖后压出果汁，倒入葡萄酒杯里，加入冰块，插入吸管，即可饮用。

【特　点】 含有多种维生素，高蛋白，低血脂，低胆固醇，可预防高血压症。

32. 仙人掌柠檬汁

【原　料】 仙人掌250克，柠檬100克，黄瓜50克，橘子汁、苏打水各50毫升，蜂蜜20克。

【制　法】 ①把仙人掌洗净，刮去外皮，切碎。黄瓜、柠檬洗净，切碎。　②将三种原料放入榨汁机里，对上橘子汁、苏打水、蜂蜜压出果菜汁，倒入玻璃杯里，加上冰粒，插入吸管，即可饮用。

【特　点】 有滋润皮肤，美容之功效。

33. 草莓杨桃汁

【原　料】 草莓150克，杨桃100克，苏打水、柠檬汁各50毫升，蜂蜜20克。

【制　法】 ①把草莓洗净，去掉蒂，切碎。杨桃洗净，去掉核，切碎。　②一起放入榨汁机里，对入苏打水、柠檬汁、蜂蜜后压出果汁，倒入啤酒杯里，加入冰粒，插入吸管，即可饮用。

【特　点】 含有多种维生素，可活血，软化血管。

34. 菠萝椰汁

【原　料】 菠萝200克，椰汁100毫升，苏打水50毫升，蜂蜜

20 克,柠檬 2 片。

【制　法】 菠萝去皮,洗净,切碎,和椰汁一起放入榨汁机里,对入苏打水、蜂蜜,压出果汁,倒入玻璃杯里,加入冰粒,插上吸管,即可饮用。

【特　点】 生津消暑,补脾胃,益气血,强身壮体。

35. 红果香菜汁

【原　料】 鲜红果 300 克,苏打水、橘子水各 50 毫升,蜂蜜 20 克,白糖、香菜各 50 克。

【制　法】 ①把鲜红果洗净,切开,去掉子,放入凉水,加白糖,上火煮透,晾凉。　②香菜去根,洗净,和红果一起放入榨汁机里,对入苏打水、橘子水、蜂蜜压出果汁,倒入玻璃杯里,加入冰粒,插入吸管,即可饮用。

【特　点】 软化血管,降血脂,预防高血压。

36. 香橙猕猴桃汁

【原　料】 香橙、猕猴桃各 250 克,苏打水、柠檬汁各 50 毫升,蜂蜜 20 克。

【制　法】 香橙洗净,去皮、子。猕猴桃洗净,去皮,切碎。一起放入榨汁机里,对上苏打水、柠檬汁、蜂蜜压出果汁,倒入葡萄酒杯里,加入冰粒,插入吸管,即可饮用。

【特　点】 软化血管,降血脂,预防高血压。

37. 雪梨蜜桃汁

【原　料】 雪梨、蜜桃各 250 克,苏打水、橘子汁各 50 毫升,蜂蜜 20 克。

【制　法】 雪梨、蜜桃洗净,去皮、核、子,切碎,放入榨汁机里,对入苏打水、橘子汁、蜂蜜后压出果汁,倒入玻璃杯里,加入冰

粒,插入吸管,即可饮用。

【特　点】 清热解毒,降血脂,降胆固醇。

38. 菠萝火龙果汁

【原　料】 菠萝、火龙果各250克,苏打水、香橙汁各50毫升,蜂蜜20克。

【制　法】 将菠萝去皮,洗净。火龙果洗净,去皮,切碎。一起放入榨汁机里,对上苏打水、香橙汁、蜂蜜后压出果汁,倒入玻璃杯里,加入冰粒,插入吸管,即可饮用。

【特　点】 清热解毒,散风活血。

39. 荔枝葡萄汁

【原　料】 荔枝、葡萄各250克,苏打水、柠檬汁各50毫升,蜂蜜20克。

【制　法】 把荔枝洗净,去核,切碎。葡萄粒洗净,去皮、子,切碎。将两种原料一起放入榨汁机里,对入苏打水、柠檬汁、蜂蜜后压出果汁,倒入玻璃杯里,加入冰粒,插入吸管,即可饮用。

【特　点】 含有多种维生素、蛋白质,可促进身体健康。

40. 椰汁

【原　料】 鲜椰子1个,苏打水150毫升,柠檬2片,蜂蜜20克。

【制　法】 把鲜椰子劈开,将椰汁、椰肉放入榨汁机里,对入苏打水、蜂蜜后压出果汁,倒入葡萄酒杯里,加入冰粒,将柠檬汁挤入杯中,插入吸管,即可饮用。

【特　点】 含有丰富的维生素,高蛋白,可滋润皮肤,美容。

41. 绿豆沙汁

【原　料】 绿豆100克,苏打水150毫升,柠檬汁50毫升,蜂蜜20克。

【制　法】把绿豆洗净，浸泡半天，蒸熟、蒸烂，过罗倒入榨汁机里，对入苏打水、柠檬汁、蜂蜜后压出汁，倒入葡萄酒杯里，加入冰粒，插入吸管，即可饮用。

【特　点】清热解毒，防暑降温，解闷。

42. 白芸豆沙汁

【原　料】白芸豆100克，苏打水100毫升，香橙汁50毫升，蜂蜜20克。

【制　法】把白芸豆洗净，浸泡半天，蒸熟蒸烂，过罗放入榨汁机里，对入苏打水、蜂蜜、香橙汁后压出汁，倒入啤酒杯里，加入冰粒，插入吸管，即可饮用。

【特　点】可补五脏，对患肾病人有一定功效。

43. 荔枝汁

【原　料】荔枝200克，苏打水100毫升，橘子汁50毫升，蜂蜜20克。

【制　法】把鲜荔枝洗净，去皮、核，切碎，放入榨汁机里，对入苏打水、橘子汁、蜂蜜后压出果汁，倒入玻璃杯里，加入冰粒，插入吸管，即可饮用。

【特　点】含有丰富的维生素、蛋白质，可延缓衰老。

44. 香橙汁

【原　料】香橙200克，苏打水100毫升，柠檬汁50毫升，蜂蜜20克。

【制　法】把香橙洗净，去皮、去子，切碎，放入榨汁机里，对入苏打水、柠檬汁、蜂蜜后压出果汁，倒入高脚玻璃杯里，加入冰粒，插入吸管，即可饮用。

【特　点】 具有宽肠、理气、化痰、消食、通便的功能。

45. 梨汁

【原　料】 雪梨250毫升，苏打水100毫升，柠檬汁50毫升，蜂蜜20克。

【制　法】 把梨洗净，去把、心、子，切碎，放入榨汁机里，对入苏打水、柠檬汁、蜂蜜后压出果汁，倒入玻璃杯里，加入冰粒，插入吸管，即可饮用。

【特　点】 具有宽肠、化痰、通便的功能。

46. 黑芝麻汁

【原　料】 黑芝麻100克，苏打水100毫升，柠檬汁50毫升，蜂蜜20克。

【制　法】 把黑芝麻洗净，压碎，放入榨汁机里，对入苏打水、柠檬汁、蜂蜜后压出汁，倒入玻璃杯里，加入冰粒，插入吸管，即可饮用。

【特　点】 含有多种维生素，低脂肪，高热量，能促进人体代谢。

47. 胡萝卜汁

【原　料】 胡萝卜150克，苏打水100毫升，柠檬汁50毫升，蜂蜜20克。

【制　法】 把胡萝卜洗净，去皮，蒸熟蒸烂，切碎，放入榨汁机里，对入苏打水、柠檬汁、蜂蜜后压出汁，倒入啤酒杯里，加入冰粒，插入吸管，即可饮用。

【特　点】 含有多种维生素，高蛋白，低脂肪，可降压强身。

48. 苹果汁

【原　料】 苹果250克，苏打水100毫升，柠檬汁50毫升，蜂蜜20克。

【制　法】 把苹果洗净，去皮、心、子，切碎，放入榨汁机里，对入苏打水、柠檬汁、蜂蜜后压出果汁，倒入玻璃杯里，加入冰粒，插入吸管，即可饮用。

【特　点】 舒筋活血，可促进血液循环，降低血压。

49. 苦瓜汁

【原　料】 苦瓜150克，苏打水100克，柠檬50克，蜂蜜20克。

【制　法】 把苦瓜洗净，切开，去心、子，去根，切碎，放入榨汁机里，对入苏打水、柠檬汁、蜂蜜后压出汁，倒入玻璃杯里，加入冰粒，插入吸管，即可饮用。

【特　点】 可清热解毒，软化血管。

二、刨冰类

1. 红豆沙雪山

【原　料】 红小豆150克，黄油、奶粉各25克，白糖、木瓜各50克，刨冰300克。

【制　法】 ①红小豆洗净，浸泡半天，加少量水，蒸熟蒸烂，放入黄油、奶粉、白糖，再蒸一下，搅拌均匀，晾凉，放入冰箱。 ②用玻璃小盆先放入刨冰，上面放上红豆沙。 ③将木瓜去皮，切成丁，撒在红豆沙上面，即可食用。

【特　点】 形态美，清凉、爽口、甜美。

2. 绿豆沙雪山

【原　料】 绿豆150克，黄油、奶粉各25克，白糖、香瓜各50克，刨冰300克。

【制 法】①把绿豆洗净，浸泡半天，加少量水，蒸熟蒸烂，放入黄油、奶粉、白糖，再蒸一会儿，待溶化后拌匀，晾凉，放入冰箱冷冻。②把刨冰放玻璃盆里，上面撒上绿豆沙。③把香瓜洗净，去皮、心，切成小丁，撒在绿豆沙上面，即可食用。

【特 点】清暑，降温，清凉爽口。

3. 香芋雪山

【原 料】香芋 200 克，黄油 25 克，鲜奶、白糖各 50 克，刨冰 500 克，菠萝 50 克。

【制 法】把香芋去皮，切成小方丁，放入盆内，对上黄油、鲜奶、白糖，蒸熟蒸烂，取出晾凉，再放入冰箱冰冻。把刨冰放入小玻璃盆里，撒上香芋泥，再把菠萝切成小丁，撒在香芋泥上面，即可食用。

【特 点】清香凉爽，防暑。

4. 草莓苹果香瓜雪山

【原 料】草莓、香瓜各 100 克，苹果 1 个，柠檬 2 片，白糖 50 克，刨冰 300 克，沙拉酱 50 克，蜂蜜 20 毫升。

【制 法】①草莓洗净，去蒂，切丁。苹果去皮、心、子，切丁。香瓜去皮、子，洗净，切丁。②三种原料一起放入盆内，调入沙拉酱、白糖、蜂蜜搅拌均匀，放入冰箱冰冻。③把刨冰放玻璃盆里，上面放入水果丁，再把柠檬汁挤在水果上面，即可食用。

【特色】形态美，降温，清爽。

5. 五仁巧克力雪山

【原 料】巧克力冰淇淋 300 克，熟核桃仁、熟杏仁、熟花生仁、熟松子仁各 10 克，熟麻仁 5 克，刨冰 300 克，柠檬汁 50 毫升。

【制 法】把刨冰放入玻璃盆后，把冰淇淋放刨冰上面，再撒上五仁粒，淋上柠檬汁，即可食用。

【特　点】 造型独特，凉爽，味道香甜。

6. 酸奶蜜汁芸豆雪山

【原　料】 酸奶100毫升，芸豆100克，香橙50克，刨冰300克，红糖、桂花各50克。

【制　法】 ①把酸奶放冰箱冰好。再把芸豆洗净，泡发1天后，芸豆放蒸锅里，加水、红糖、桂花，蒸熟煮烂，拌匀，汁浓后，倒出晾凉。　②将刨冰放玻璃盘里，把酸奶切碎，放刨冰上，再淋上蜜汁芸豆。　③将香橙肉切碎，撒在芸豆上，即可食用。

【特　点】 形态优美动人，口味甜酸宜人。

7. 薏仁芒果雪山

【原　料】 薏米仁50克，芒果100克，黄油、奶粉各25克，刨冰300克，柠檬汁25毫升，白糖50克。

【制　法】 ①把薏米仁洗净，浸泡半天，放入锅内，加入水、奶粉、黄油，煮熟煮烂，汁收均匀，拌白糖，晾凉，放冰箱里冰凉。芒果洗净，去皮、核，切成小丁。　②先把刨冰放玻璃盘里，再把薏米仁放刨冰上，最后把芒果丁撒在薏米仁上面，淋上柠檬汁，即可食用。

【特　点】 色泽鲜美，清脆，凉爽，香甜。

8. 桃仁杏仁酸奶冰山

【原　料】 熟核桃仁、熟杏仁各25克，酸奶100毫升，菠萝丁50克，刨冰300克，菠萝汁25毫升。

【制　法】 先把刨冰放入玻璃盘里，再加上酸奶，撒上菠萝丁、杏仁、核桃仁，淋上菠萝汁，即可食用。

【特　点】 色泽鲜艳，清凉利口，还可解闷。

9. 桃仁麻仁鲜奶冰山

【原　料】 鲜奶冰淇淋 100 克,草莓 50 克,核桃仁 25 克,熟麻仁 10 克,刨冰 300 克,橙汁 25 毫升。

【制　法】 先把刨冰放入玻璃盆里,再把鲜奶冰淇淋放刨冰上面,最后将草莓洗净,切碎,撒在冰淇淋上面,再撒上核桃仁、麻仁,浇上橙汁,即可食用。

【特　点】 时尚,口感清爽,香甜怡人。

10. 橙汁冰山

【原　料】 香橙肉 15 克,橙汁 50 毫升,刨冰 300 克,白糖 25 克,鲜樱桃 15 粒。

【制　法】 ①将香橙肉洗净,切丁。　②把刨冰放玻璃盘里,撒上香橙丁,淋上橙汁,放上白糖,点上鲜樱桃后即可食用。

【特　点】 鲜美怡人,清香利口。

11. 红果冰山

【原　料】 糖红果(罐头)100 克,香瓜 100 克,刨冰 300 克,柠檬汁 25 毫升,白糖 50 克。

【制　法】 把香瓜去皮,去心、子,切成丁。将刨冰放玻璃盆里,放入糖红果,撒上香瓜丁,淋上柠檬汁,撒上白糖,即可食用。

【特　点】 色泽鲜美,凉爽怡人。

12. 鲜奶山药香芋冰山

【原　料】 鲜奶冰淇淋 100 克,山药、香芋各 50 克,柠檬、白糖各 25 克,刨冰 300 克。

【制　法】 ①先把山药、香芋洗净,去皮,切丁,蒸熟后放入白糖,再放入冰箱冷冻。　②将刨冰放入玻璃盆里,放入鲜奶冰淇淋,再放入山药、香芋丁,淋上柠檬汁即可食用。

【特　点】 口味香甜,滋润,清爽。

13. 西瓜菠萝雪山

【原　料】 西瓜、菠萝各100克,巧克力冰淇淋100克,白糖50克,柠檬汁25毫升,刨冰300克。

【制　法】 ①西瓜、菠萝分别去皮,切丁。 ②将刨冰放入玻璃盘里,再放巧克力冰淇淋,撒上西瓜丁、菠萝丁,撒上白糖即可用。

【特　点】 色彩清爽明快,清凉,甜美。

14. 樱桃橘子雪山

【原　料】 鲜樱桃10粒,橘子100克,巧克力冰淇淋100克,刨冰300克,橙汁50毫升。

【制　法】 ①把樱桃洗净,去把。橘子去皮,掰成橘瓣。 ②将刨冰放玻璃盘里,放上巧克力冰淇淋,在上面放樱桃、橘子,淋上橙汁即可食用。

【特　点】 色泽明亮,清凉,爽口。

15. 莲子百合杞子冰山

【原　料】 莲子、鲜百合各50克,枸杞子25克,白糖50克,酸奶100毫升,刨冰300克。

【制　法】 ①把莲子、百合、枸杞子洗净,浸泡半小时,放入锅内,加入水煮熟、煮烂,收汁,拌入白糖。 ②先把刨冰放入玻璃盆里,再放入酸奶后,再放上莲子、百合、枸杞子,即可食用。

【特　点】 清凉,解热,消渴,清香。

16. 葡萄樱桃鲜桃雪山

【原　料】 鲜葡萄、鲜樱桃、小西红柿各50克，鲜白桃150克，白糖50克，柠檬汁50毫升，刨冰300克。

【制　法】 ①把葡萄粒洗净。樱桃去把。鲜桃洗净，去皮、核，切大丁，小西红柿洗净，切开。 ②先将刨冰放玻璃盆里，再放入葡萄、樱桃、鲜桃、小西红柿，撒上白糖、柠檬汁，即可食用。

【特　点】 色泽鲜美，清凉爽口，甜香怡人。

17. 蜜枣芸豆雪山

【原　料】 大枣、白糖、桂花各50克，橙汁50毫升，芸豆100克，刨冰300克。

【制　法】 ①把去核的大枣、芸豆洗净，浸泡半天，放入锅内加入清水，将大枣、芸豆煮熟煮烂，收汁，拌入白糖，淋上桂花，放入冰箱冰凉。把菠萝洗净，去皮，切丁。 ②将刨冰放入玻璃盆里，放入大枣、芸豆泥，淋上橙汁即可食用。

【特　点】 色泽鲜艳，清凉利口，降温，解烦。

18. 菠萝火龙果荔枝雪山

【原　料】 菠萝、火龙果、荔枝各100克，柠檬汁50毫升，沙拉酱50克，刨冰300克，白糖25克。

【制　法】 ①把菠萝、火龙果去皮，洗净，切丁。荔枝洗净，去皮、核，切丁。一起放盆内，加上沙拉酱、白糖搅拌均匀，放入冰箱冰凉。 ②将刨冰放玻璃盘内，再放三种水果，淋入柠檬汁，即可食用。

【特　点】 颜色明亮，香甜、清口、降温。

19. 酸奶菠萝樱桃雪山

【原　料】 酸奶250毫升，菠萝、樱桃各50克，柠檬2片，刨冰300克。

【制　法】 ①把菠萝、樱桃洗净，菠萝切丁，樱桃去把。②将刨冰放玻璃盆里，放入酸奶，上面撒上樱桃、菠萝，将鲜柠檬挤在上面，即可食用。

【特　点】 色彩透亮，清热去火，解烦，利口。

20. 葡萄密瓜小西红柿雪山

【原　料】 无子葡萄100克，哈密瓜、小西红柿、沙拉酱各50克，刨冰300克，柠檬汁25毫升，白糖25克。

【制　法】 ①无子葡萄、小西红柿洗净，去把、去蒂洗净，切两瓣。哈密瓜去皮、子，切丁，放盆内加上沙拉酱、白糖搅拌均匀待用。　②将刨冰放玻璃盘内，上面放上水果，淋上柠檬汁，即可食用。

【特　点】 含有维生素、葡萄糖，可清暑降温，振奋精神。

21. 芒果草莓荸荠雪山

【原　料】 芒果、荸荠各100克，草莓50克，沙拉酱50克，白糖25克，刨冰300克，柠檬2片。

【制　法】 ①把芒果去皮、核，切丁。草莓去蒂，切丁。荸荠去皮，切丁。将三种水果放盆里，加入白糖、沙拉酱搅拌均匀待用。②将刨冰放玻璃盘里，上面放上水果，挤入柠檬汁，即可食用。

【特　点】 色泽明亮，透明，味道鲜美，香甜。

22. 蜜桃草莓金瓜冰山

【原　料】 白桃、草莓、黄金瓜各100克，沙拉酱50克，刨冰

300克，柠檬2片。

【制　法】①把白桃洗净，去皮、核，切丁。草莓洗净，去蒂，切丁。黄金瓜去皮、子，切丁。将三种原料一起放盆里，加入白糖、沙拉酱搅拌均匀，挤上柠檬汁。　②将刨冰放入盘内，再把拌好的水果，放在刨冰上，即可食用。

【特　点】三色分明，凉爽，清凉爽口。

23. 奶香玉米粒青豆冰山

【原　料】冰淇淋150克，甜玉米粒60克，鲜青豆50克，刨冰300克，柠檬2片，白糖25克。

【制　法】①先把甜玉米粒、青豆焯水过凉，放碗内加白糖，腌制片刻。　②将刨冰放盘内，再放入冰淇淋，上面撒上玉米粒、青豆，挤上柠檬汁，即可食用。

【特　点】三色分明，色泽亮丽，清爽怡人，口味香甜。

24. 金糕芒果香蕉雪山

【原　料】金糕、芒果各100克，香蕉1根，橙汁50毫升，沙拉酱50克，柠檬2片，刨冰500克。

【制　法】①把金糕切成丁。芒果去皮，洗净，去心、子，切成丁。香蕉去皮，切丁。三种原料放碗内，加入白糖、沙拉酱搅拌均匀，挤上柠檬汁待用。　②将刨冰放玻璃盆里，放上水果，即可食用。

【特　点】清凉，爽口，香甜，利口。

25. 奶香薏米玉米粒雪山

【原　料】牛奶150毫升，冰淇淋150克，甜玉米粒、薏仁米、胡萝卜各50克。

【制　法】①薏仁米洗净，浸泡半天，煮熟煮烂。玉米粒洗净焯水过凉。胡萝卜去皮，切丁，焯水过凉，放入盆内，再放冰淇淋、玉米粒、薏仁米搅拌均匀，放冰箱冰凉。 ②将刨冰放玻璃盘里，再放入拌好的冰淇淋，即可食用。

【特　点】 清新凉爽，香甜利口。

26. 木瓜香蕉猕猴桃雪山

【原　料】 木瓜 100 克，香蕉 1 根，猕猴桃 50 克，沙拉酱、白糖各 50 克，柠檬汁 50 毫升，刨冰 300 克，小西红柿 25 克。

【制　法】 ①把木瓜洗净，去皮、心、子，切丁。香蕉、猕猴桃去皮，切丁。小西红柿洗净，切丁。将四种原料放入碗内，加入沙拉酱、白糖搅拌均匀，放入柠檬汁。 ②把刨冰放入玻璃盆里，再放入水果，即可食用。

【特　点】 清凉解暑，香甜味美。

27. 山药莲子百合杞子冰山

【原　料】 山药、百合各 100 克，枸杞子、菠萝、水发银耳、白糖各 50 克，薄荷精 3 克，刨冰 300 克，鲜奶冰淇淋 150 克。

【制　法】 ①把山药去皮，洗净，切丁。百合、枸杞子洗净，浸泡半小时，放入锅内，放清水，再放入薄荷精，将山药、百合、枸杞子、银耳煮熟，拌白糖，放凉入冰箱冰凉待用。菠萝去皮，切成丁。②把刨冰放入玻璃盆内，在上面放上冰淇淋、银耳、山药、百合、枸杞子，再撒上菠萝丁，即可食用。

【特　点】 营养丰富，清凉爽口。

28. 大枣莲子雪山

【原　料】 大枣 100 克，莲子 50 克，木瓜 100 克，白糖 50 克，刨冰 300 克，鲜柠檬 2 片。

【制　法】 ①把去核的大枣、莲子洗净，浸泡 1 小时，放入锅

内，加水煮熟收汁，拌入白糖待用。木瓜切丁。　②将刨冰放玻璃盘里，放上大枣莲子蜜，撒上木瓜丁，挤上柠檬汁，即可食用。

【特　点】 含有多种维生素，防暑降温。

29. 水果薄荷雪山

【原　料】 西瓜 100 克，香瓜、香蕉、草莓、葡萄各 50 克，沙拉酱、白糖各 50 克，薄荷精 3 克，刨冰 300 克。

【制　法】 ①把西瓜洗净，去皮，切成丁。香瓜去皮、去子、香蕉去皮，均切成丁。葡萄去子，切开。草莓洗净，去蒂，切成丁。将 5 种水果放盆里，加入沙拉酱、白糖、薄荷精搅拌均匀待用。②将刨冰放入盘内，再将水果放在上面，即可食用。

【特　点】 五颜六色，非常迷人，又可消暑解热。

30. 金糕香梨菠萝雪山

【原　料】 香梨 100 克，金糕 100 克，菠萝 50 克，沙拉酱、白糖各 50 克，刨冰 300 克，鲜柠檬 2 片。

【制　法】 ①把金糕切成丁。梨去皮、心、子，切丁。菠萝去皮，洗净，切丁。将三种原料放盆里，加入沙拉酱、白糖，挤上柠檬汁，搅拌均匀待用。　②将刨冰放玻璃盆里，再放上水果，即可食用。

【特　点】 清凉爽口，口味香甜。

31. 西瓜荸荠雪山

【原　料】 西瓜 150 克，荸荠 100 克，白糖 50 克，刨冰 300 克，柠檬 2 片。

【制　法】 ①把西瓜、荸荠洗净，去皮，切成丁。　②将刨冰放入玻璃盘里，上面放上西瓜、荸荠，撒上白糖，挤上柠檬汁，即可食用。

【特　点】 清热润肺，防暑降温。

32. 橘子雪山

【原　料】 橘子150克，橘子汁50毫升，刨冰300克。

【制　法】 ①罐头橘子1桶打开。 ②将刨冰放玻璃盘里，上面放上橘子，淋上橘子汁，即可食用。

【特　点】 凉爽，开胃，利口。

33. 菠萝冰山

【原　料】 菠萝200克，菠萝汁50毫升，刨冰300克。

【制　法】 ①把菠萝洗净，去皮，切成丁。 ②将刨冰放入玻璃盘里，再放上菠萝丁，淋上菠萝汁，即可食用。

【特　点】 凉爽，口感清凉。

34. 蜜汁山楂雪山

【原　料】 蜜汁山楂(红果罐头)200克，橘子汁50毫升，刨冰300克。

【制　法】 把刨冰放入玻璃盘里，放入蜜汁山楂，淋上橘子汁，即可食用。

【特　点】 色泽鲜红，凉爽怡人。

35. 菠萝杨桃雪山

【原　料】 菠萝100克，菠萝汁50毫升，杨桃、草莓各50克，刨冰300克。

【制　法】 ①菠萝洗净，去皮，切丁。草莓去蒂，洗净，切碎。杨桃去核，切丁。 ②把刨冰放入盘内，再放上菠萝丁、草莓丁、杨桃丁，淋上菠萝汁，即可食用。

【特　点】 美、凉、爽、甜。

36. 柿子樱桃雪山

【原 料】 柿子150克,樱桃50克,橘子汁50毫升,刨冰300克。

【制 法】 ①把柿子洗净,去皮、蒂,切成丁。樱桃洗净,去把,切开。 ②将刨冰放入玻璃盘里,再放入柿子、樱桃丁,淋上橘子汁,即可食用。

【特 点】 火红色,十分艳丽,清凉利口,甜美。

37. 蜜汁红果雪山

【原 料】 蜜汁红果100克,香瓜50克,刨冰300克,瓜条(蜜饯)75克。

【制 法】 ①把香瓜洗净,去皮,去心、子,切成丁。 ②将刨冰放入玻璃盘里,先放瓜条,再放入红果、香瓜,即可食用。

【特 点】 色彩鲜艳,清脆可口,凉爽怡人。

38. 杨桃白杏金糕雪山

【原 料】 杨桃100克,白杏50克,金糕50克,橙汁50毫升,刨冰300克。

【制 法】 ①将杨桃、白杏洗净,去核,切丁。金糕切成丁。②把刨冰放玻璃盘里,淋上橙汁,再撒上杨桃丁、白杏丁、金糕丁,即可食用。

【特 点】 甜酸凉,润肺,清火。

39. 什锦水果雪山

【原 料】 西瓜、猕猴桃、芒果各50克,香蕉1根,沙拉酱75克,刨冰300克,柠檬汁50毫升,白糖50克。

【制 法】 ①将西瓜、猕猴桃、芒果、香蕉洗净,去皮,西瓜去子，芒果去核，均切成方丁，放入盆内，加入沙拉酱、白糖搅拌均匀。②把刨冰放玻璃盘里，再放上什锦水果，淋上柠檬汁，即可食用。

【特　点】 五颜六色，清爽利口、怡人。

40. 葡萄木瓜雪山

【原　料】 葡萄 100 克，木瓜 50 克，菠萝汁 50 克，刨冰 300 克，白糖 50 克。

【制　法】 ①葡萄洗净，去把，切开。木瓜洗净，去皮，去子，均切丁待用。　②把刨冰放玻璃盆里，淋上菠萝汁，再把葡萄、木瓜丁放上面，撒上白糖，即可食用。

【特　点】 外观鲜美，口味清爽香甜。

41. 北京之夏

【原　料】 香瓜、猕猴桃、黄桃、西瓜瓤各 50 克，刨冰 200 克，沙拉酱、白糖各 50 克。

【制　法】 取玻璃长方盘，先把刨冰放盘里，再把香瓜去皮、去子，猕猴桃、黄桃去皮，切大丁，放盆里，西瓜瓤切大丁，放盆内，沙拉酱搅拌均匀，均匀淋在刨冰上，再撒上白糖，即可食用。

【特　点】 五颜六色，鲜艳夺目，形态别致，有时尚富足感。

42. 鸟巢之喜

【原　料】 西瓜球、菠萝球、木瓜球、绿樱桃、白桃球各 50 克，刨冰 200 克，沙拉酱 5 克，橙汁 50 毫升，白糖 50 克，薄荷汁 30 毫升。

【制　法】 取白玻璃盆 1 个，先把刨冰、橙汁放入后，再把西瓜、菠萝、木瓜、白桃、绿樱桃放碗内，加入沙拉酱、白糖搅拌均匀，淋上薄荷汁，再放刨冰上，即可食用。

【特　点】 优美典雅，清凉爽口。

43. 北京之夜

【原　料】 甜玉米粒150克，胡萝卜丁、青豆、火龙果、猕猴桃各50克，刨冰200克，马乃司酱、白糖各50克。

【制　法】 ①将胡萝卜去皮，切丁，和青豆一起焯水过凉。火龙果、猕猴桃洗净，去皮，切丁。将4种原料和玉米粒一起放盆内，放入马乃司酱搅拌均匀，待用。　②取鱼盘一个，先把刨冰放盘里，上面放入拌好的各种原料，即可食用。

【特　点】 色彩鲜艳，形态优美，口感清凉。

44. 蝴蝶梦

【原　料】 西瓜瓤200克，柠檬肉100克，哈密瓜肉、黄桃肉、葡萄、香瓜肉各50克，刨冰200克，马乃司酱50克，薄荷糖浆25毫升，白糖50克。

【制　法】 先取鱼盘1个，把刨冰放在盘里，再把西瓜、哈密瓜、香瓜、柠檬肉、黄桃切成丁，放盆里，加入马乃司酱，再放葡萄、薄荷糖浆搅拌均匀，撒在冰粒上，即可饮用。

【特　点】 甜甜蜜蜜，思念情人。

【说　明】 薄荷糖浆制法：砂糖650克，干薄荷叶50克，水500克。用加热至沸的水浇注薄荷叶，将容器盖上，浸泡40～50分钟，随后过滤。将糖溶于薄荷提取液中，不断搅拌，煮到微沸，保持10～15分钟即可。

45. 桂圆肉刨冰

【原　料】 桂圆（龙眼）肉10～15枚，香草糖浆40毫升，矿泉水40毫升，碎冰块150克，红樱桃1粒。

【制　法】 先将桂圆肉放高脚饮冰玻璃杯中，倒进糖浆、矿泉水，然后把碎冰倒在桂圆肉上，顶部用红樱桃点缀，长柄勺及饮管备用。

【特　点】 桂圆肉刨冰如雪上红梅，红白相映，晶莹甜爽，别具风格。

【说　明】 香草糖浆制法：将650克砂糖和10克香兰精溶于热水中，不断搅拌，煮到微沸5～10分钟即可。

46. 香橙刨冰

【原　料】 鲜橙肉（去皮取肉）2个，香草糖浆40克，矿泉水40克，碎冰150克，红樱桃1粒。

【制　法】 将鲜橙肉置高脚饮冰玻璃杯中，倒进香草糖浆和矿泉水，然后倒进碎冰，顶部用红樱桃点缀，插入长柄勺及饮管备用。

【特　点】 酸甜，清凉爽口。

47. 香蕉刨冰

【原　料】 香蕉（切片）1根，香草糖浆40毫升，矿泉水40毫升，碎冰150克，红樱桃1粒。

【制　法】 将香蕉放入高脚饮冰玻璃杯中，倒进糖浆、矿泉水，然后把碎冰放在香蕉表层，红樱桃点缀，插入长柄勺及饮管备用。

【特　点】 黏糯，清凉爽口。

48. 荔枝刨冰

【原　料】 荔枝肉10枚，香草糖浆40毫升，矿泉水40毫升，碎冰100克，红樱桃1粒。

【制　法】 将荔枝肉放入高脚饮冰玻璃杯中，倒进糖浆及矿泉水，然后将碎冰放荔枝肉的表层，红樱桃置顶部点缀之，插入长柄勺及饮管备用。

【特　点】 荔枝晶莹剔透，红樱桃点缀，红白相映，清爽怡人。

49. 菠萝刨冰

【原　料】 菠萝（去皮切成角）10块，菠萝糖浆40毫升，矿泉水40毫升，碎冰100克，红樱桃1粒。

【制　法】 将菠萝肉放入高脚饮冰玻璃杯中，倒进糖浆及矿泉水，碎冰放在菠萝肉的表层，顶部用红樱桃点缀，插入长柄勺及饮管备用。

【特　点】 菠萝味清香，酸甜，或樱桃点缀在橙黄色的菠萝上明快亮丽。

【说　明】 菠萝糖浆制法：将550克砂糖和10克菠萝香精溶于热水中，不断搅拌，煮到微沸5～10分钟即可。

50. 杂果刨冰

【原　料】 杂果粒20克，香橙糖浆40毫升，矿泉水40毫升，碎冰100克，红樱桃、绿樱桃各半粒。

【制　法】 将杂果粒放入高脚饮冰玻璃杯中，倒进糖浆和矿泉水，碎冰放杂果粒表层，红樱桃、绿樱桃合成一粒，用牙签串好插在顶部点缀之，插入长柄勺饮管备用。

【特　点】 色彩斑斓，凉爽解暑。

51. 红豆刨冰

【原　料】 红豆（煮烂）20克，香草糖浆40毫升，矿泉水40毫升，碎冰100克，牛奶少量。

【制　法】 先将红豆煮好倒入高脚饮冰玻璃杯中，倒进糖浆及矿泉水，调匀，然后撒进碎冰，牛奶轻轻淋在刨冰的表层，插入长柄勺及饮管备用。

【特　点】 白乳汁中露着红豆，甜蜜可人。

52. 莲子刨冰

【原　料】 莲子(干莲子或罐装莲子)20克,香草糖浆40毫升,矿泉水40毫升,碎冰100克,牛奶少量。

【制　法】 将莲子(煮熟,去皮、心)放入高脚饮冰玻璃杯中,倒进糖浆及矿泉水,碎冰放在莲子的表层,插入长柄勺及饮管备用。

【特　点】 甜甜蜜蜜,软糯。

三、冰粒类

1. 水果冰粒

【原　料】 菠萝、白桃、草莓、木瓜、葡萄各50克,沙拉酱50克,冰粒300克,柠檬汁50毫升。

【制　法】 先把菠萝、白桃、木瓜洗净,去皮、核,再把草莓、葡萄洗净,去蒂,将5种原料切丁放入盆内,加入沙拉酱、冰粒搅拌均匀,放入玻璃盘里,即可食用。

【特　点】 色彩鲜美,口感凉爽,清香。

2. 芒果金糕冰粒

【原　料】 芒果200克,金糕100粒,冰粒300克,橙汁50毫升,白糖25克。

【制　法】 ①先把芒果洗净,去皮、核,切丁。金糕切丁。②将冰粒放入长盘里,淋上橙汁,放上芒果、金糕丁,撒上白糖,即可食用。

【特　点】 颜色优美,甜酸爽口。

3. 菠萝荔枝冰粒

【原　料】 菠萝150克，荔枝100克，青梅25克，冰粒300克，橘子汁50毫升，白糖25克。

【制　法】 ①先把菠萝洗净，去皮，切成丁。荔枝洗净，去皮、核，切丁。青梅切成丝。　②将冰粒放入盘内，淋上橘子汁，再放上菠萝、荔枝、青梅，撒上白糖，即可食用。

【特　点】 色彩分明，清凉爽口。

4. 木瓜火龙果葡萄冰粒

【原　料】 木瓜150克，火龙果100克，葡萄50克，沙拉酱50克，冰粒300克，白糖25克。

【制　法】 ①将木瓜去皮、子，火龙果去皮，切成丁。葡萄洗净，切开，放盆内，再放入沙拉酱，搅拌均匀待用。　②把冰粒放入盘里，再放入水果，上面撒上白糖，即可食用。

【特　点】 色泽鲜艳，清爽怡人。

5. 蜜山楂黄桃哈密瓜冰粒

【原　料】 蜜山楂50克，黄桃、哈密瓜各150克，沙拉酱50克，冰粒300克。

【制　法】 ①先把黄桃洗净，去皮、核，哈密瓜去皮、子，两种原料切成丁，放入盆内加入沙拉酱搅拌均匀待用。　②将冰粒放盘里，先淋上蜜汁红果，再放入水果，即可食用。

【特　点】 色彩鲜艳亮丽，口感鲜美。

6. 草莓菠萝白梨冰粒

【原　料】 草莓50克，菠萝、白梨各100克，菠萝汁50毫升，冰粒300克。

【制　法】①把草莓洗净，去蒂，切丁，菠萝去皮、白梨洗净，去皮、心、子，切丁，放入盆里搅拌均匀待用。　②将冰粒放入盘里，淋上菠萝汁，再放上水果，即可食用。

【特　点】清凉利口，香甜。

7. 薄荷水果冰粒

【原　料】白桃、黄桃、西瓜、猕猴桃各 50 克，薄荷精 2 克，沙拉酱 50 克，冰粒 300 克。

【制　法】①把白桃、黄桃洗净，去皮、核，切成丁。西瓜去皮、子，切丁。猕猴桃去皮，切成丁，一起放入盆内，加上沙拉酱搅拌均匀，淋上薄荷精待用。　②将冰粒放入盘内，再加上水果，即可食用。

【特　点】色彩怡人，清脆爽口。

8. 金糕白梨冰粒

【原　料】金糕 100 克，雪花梨 100 克，冰粒 300 克，沙拉酱 50 克。

【制　法】①将金糕切成丝。雪花梨洗净，去皮、心、子，切成丝。黄瓜洗净，切成丝。将三种原料放入盆中，加入沙拉酱搅拌均匀，待用。　②把冰粒放盘里，放入水果，即可食用。

【特　点】清凉利口，口感甜酸，开胃。

9. 芒果杨桃樱桃冰粒

【原　料】芒果、杨桃各 100 克，樱桃 50 克，沙拉酱 50 克，菠萝汁 50 毫升，冰粒 300 克。

【制　法】①把芒果洗净，去皮、核。杨桃去核。樱桃去把，切开。均放入盆里，加入沙拉酱搅拌均匀。　②将冰粒放玻璃盘里，淋上菠萝汁，放上水果，即可食用。

【特　点】 色彩鲜艳，口感清爽，食欲大增。

10. 鸭梨枇杷红果冰粒

【原　料】 鸭梨、枇杷各100克，红果50克，沙拉酱50克，冰粒300克。

【制　法】 ①把鸭梨洗净，切开，去核，切丁。枇杷洗净，去把、核，切丁。红果洗净，去子，切四块，均放盆里加入沙拉酱，搅拌均匀待用。　②将冰粒放盘里，放上水果，即可食用。

【特　点】 口感酸甜，味道鲜美。

11. 香蕉苹果西红柿冰粒

【原　料】 香蕉、苹果、小西红柿各50克，菠萝100克，沙拉酱50克，冰粒300克。

【制　法】 ①香蕉去皮，切丁。苹果去皮、心，切丁。小西红柿去蒂，洗净，切丁。菠萝切成丁。均放入盆内，加入沙拉酱搅拌均匀待用。　②将冰粒放入盘内，再放上水果，即可食用。

【特　点】 乡情浓郁，喜气。

12. 山楂苹果马蹄冰粒

【原　料】 山楂、马蹄各50克，苹果100克，沙拉酱50克，冰粒300克，白糖25克，柠檬汁50毫升。

【制　法】 ①把山楂洗净，去子，切开。苹果洗净，去皮、心，切丁。马蹄洗净，去皮，切丁。均放入盆里，加入沙拉酱、白糖，搅拌均匀待用。　②将冰粒放玻璃盘里，淋上柠檬汁，放上水果，即可食用。

【特　点】 酸甜适口，开胃解腻。

13. 红豆莲子菠萝冰粒

【原　料】 红小豆、莲子各 50 克，菠萝 100 克，牛奶 50 毫升，黄油 10 克，白糖 25 克，柠檬汁 50 毫升，冰粒 300 克。

【制　法】 ①把红小豆、莲子洗净，浸泡半天，上锅加入清水、牛奶、黄油，上火煮熟煮烂，加上白糖晾凉，入冰箱冰凉待用。菠萝去皮，切成丁。　②将冰粒放入盘内，淋上柠檬汁，再放上红豆、莲子，撒上菠萝丁，即可食用。

【特　点】 形态优美，口感滋润，清凉爽口，降温。

14. 银耳莲子枸杞子冰粒

【原　料】 水发银耳、莲子、菠萝丁各 50 克，枸杞子 25 克，柠檬 2 片，白糖 50 克，冰粒 300 克，桂花 25 克。

【制　法】 ①把银耳撕开洗净。莲子、枸杞子洗净，浸泡半小时，入锅加水、白糖，上火煮熟煮烂收汁，再放上桂花晾凉，冰凉待用。　②将冰粒放玻璃盘里，再放入银耳、莲子，撒上菠萝下，挤上柠檬汁，即可食用。

【特　点】 营养丰富，清凉开胃。

15. 黄桃香瓜菠萝金糕冰粒

【原　料】 黄桃、香瓜、菠萝各 50 克，金糕、白糖各 50 克，橙汁 50 毫升，冰粒 300 克。

【制　法】 ①把黄桃、菠萝、香瓜洗净，去皮、核、子，切丁。金糕切丁。均放盆里，搅拌均匀待用。　②将冰粒放盘里，淋上橙汁，再放上水果，撒上白糖，即可食用。

【特　点】 色彩鲜艳，口感香甜。

16. 哈密瓜西瓜菠萝冰粒

【原　料】 哈密瓜、菠萝、草莓、葡萄各50克，沙拉酱、白糖各50克，橘子汁50毫升，冰粒300克。

【制　法】 ①把哈密瓜、菠萝洗净，去皮，切丁。草莓、葡萄洗净，去蒂，切丁。均放入盆中，加入沙拉酱、白糖搅拌均匀待用。②将冰粒放玻璃盆里，淋上橘子汁，放上水果，即可食用。

【特　点】 清凉利口，开胃。

17. 梦中情

【原　料】 鲜奶、胡萝卜汁各150毫升，猕猴桃汁100毫升，冰粒100克，柠檬1片，红樱桃1个。

【制　法】 取高形啤酒杯1个，先将冰粒放入，再放鲜奶，上面浇胡萝卜汁，再浇猕猴桃汁，杯口边插入柠檬片，再放上红樱桃进行装饰，插上吸管，即可饮用。

【特　点】 恋情温柔，有共祝伴侣相亲相爱之意。

18. 巴黎圣母院

【原　料】 草莓、樱桃、木瓜、香蕉、猕猴桃、柠檬各50克，蜂蜜、马乃司酱各25克，冰粒250克，白糖50克。

【制　法】 ①把草莓洗净，去蒂，切丁。樱桃洗净。木瓜去皮，去子，香蕉、猕猴桃、柠檬洗净，去皮，均切丁。6种原料放盆里，加上蜂蜜、马乃司酱，搅拌均匀待用。　②取玻璃圆盆一个，先放冰粒，再放入拌好的水果，上面撒上白糖，即可食用。

【特　点】 造型典雅，时尚，口感凉爽。

19. 友谊圆舞曲

【原　料】 西瓜50克，香蕉2根，绿樱桃10粒，葡萄20粒，芒果肉 100 克，沙果 5 个去核，冰粒 250 克，柠檬汁 50 毫升，白糖 50 克。

【制　法】 取玻璃盆 1 个，先把冰粒、柠檬汁放盆里，再把西瓜、香蕉洗净，去皮，切成方块，绿樱桃、葡萄、芒果、沙果切成丁。6 种原料放一起，再放冰粒上，撒上白糖，即可食用。

【特　点】 形态别致，造型怡人。

20. 思乡

【原　料】 黄金瓜 100 克，木瓜、桂圆、葡萄各 50 克，柠檬汁 50 毫升，冰粒 200 克，白糖 50 克，酸奶 100 毫升。

【制　法】 先取玻璃盆 1 个，把冰粒、柠檬汁、酸奶放盆中，最后把黄金瓜、木瓜去皮，去子，切丁，放盆里，再把桂圆去皮，取肉，和葡萄一起放盆内，搅拌均匀，放入冰粒，撒上白糖，即可食用。

【特　点】 造型典雅，清凉舒服，有思念家乡、亲人之意。

21. 夜晚的旋律

【原　料】 菠萝汁、雪碧各 200 毫升，冰块 10 块，橘子冻、豆沙冻、红果冻、白桃冻、猕猴桃冻各 50 克，柠檬 1 片，红樱桃 1 粒。

【制　法】 取高形啤酒杯 1 个，放菠萝汁、雪碧、冰块，后把橘子冻、豆沙冻、红果冻、白桃冻、猕猴桃冻制成圆球，放入杯内，杯边放上柠檬片，上面放上红樱桃作为装饰，即可饮用。

【特　点】 呈现节日晚上，五彩缤纷、灯火辉煌的景象。

22. 夏日恋情

【原　料】 发酵乳 5 克，香瓜汁 50 毫升，冰 250 克，苏打水 100 毫升，樱桃、芒果丁各 50 克，酸奶 50 毫升，冰粒 250 克，柠檬 1 片，绿樱桃 1 粒。

【制　法】 取高脚玻璃杯，先放冰粒，再放发酵乳、香瓜汁、苏

打水、酸奶，上面放樱桃、芒果丁，再把柠檬片放在杯口边上，点缀上绿樱桃，即可饮用。

【特　点】 在夏日的湖边上，情侣共饮，别具风情。

四、冰糕类

1. 菠萝冰糕

【原　料】 菠萝 250 克，菠萝汁 500 毫升，白糖 250 克，炼乳 100 克，淀粉 100 克，食用明胶 50 克，水 500 毫升。

【制　法】 把菠萝去皮，切丁，明胶用水澥开；再把菠萝汁、白糖、炼乳、淀粉、明胶液和水一起放锅内烧开，溶化离火，再放入菠萝丁晾凉，倒入冰糕盒里，放冰箱速冻，速冻半小时取出，将冰糕倒出，用消毒食用袋包装好，即可食用(可出 20 块)。

【特　点】 清凉、甜酸、爽口。

2. 牛奶冰糕

【原　料】 炼乳 250 克，白糖 100 克，鲜牛奶 250 毫升，淀粉 100 克，食用明胶 50 克，吉士粉 50 克，水 500 毫升。

【制　法】 把炼乳、白糖、鲜牛奶、淀粉、明胶澥开，吉士粉用温水澥开，和水一起放锅内，上火烧开，溶化，晾凉，倒入冰糕盒里，放入冰箱里，速冻半小时取出，用消毒食用袋包装好，即可食用(可出 20 块)。

【特　点】 奶味香甜，凉爽。

3. 桃仁巧克力冰糕

【原　料】 可可粉 150 克，鲜牛奶 250 毫升，白糖、炼乳、淀粉各 100 克，明胶 50 克，水 500 毫升，熟核桃仁 150 克，黄油 50 克。

【制　法】 把可可粉、淀粉、明胶、黄油用水澥开，放入锅内，再把鲜牛奶、炼乳、白糖、水放入锅内，一起上火烧开，溶化。撒入切碎的核桃仁，晾凉，倒入冰糕盒里，放冰箱速冻半小时取出，用消毒食用袋包装好，放冰箱内即可。可随时食用(可出 20 块)。

【特　点】 味道清香，甜美。

4. 红果冰糕

【原　料】 果酱 5 瓶，白糖、淀粉、金糕各 100 克，明胶 50 克，水 500 毫升。

【制　法】 把金糕切碎，再把果酱、白糖、淀粉、明胶用水澥开，一起放入锅里烧开，离火晾凉。把切碎的金糕放入锅里搅拌均匀，倒入冰糕盒里。再把冰糕盒放入速冻冰箱，速冻半小时取出，用消毒食用袋包装好，放冰箱，可随时食用(可出 20 块)。

【特　点】 酸甜利口，开胃，消食。

5. 红小豆冰糕

【原　料】 红小豆 250 克，白糖 250 克，炼乳 100 克，淀粉 100 克，明胶 50 克，水 500 毫升。

【制　法】 把红小豆洗净，浸泡 1 天，再放入加水的锅内，煮熟煮烂。再把白糖、炼乳、淀粉、明胶澥开后，放入锅内，再烧开，离火晾凉，倒入冰糕盒里，放入速冻冰箱里，速冻半小时取出，用消毒食用袋包装好，放入冰箱，可随时食用。

【特　点】 红白混合色，口感清香凉爽。

6. 酸奶葡萄干冰糕

【原　料】 酸奶 500 毫升，葡萄干 50 克，黄油、明胶各 50 克，炼乳、白糖、淀粉各 100 克，水 500 毫升。

【制　法】 把淀粉、明胶用水澥开，放锅内，加水、酸奶、葡萄

干、炼乳、黄油、白糖上火烧开，离火，晾凉，倒入冰糕盒里，再放入速冻冰箱里，速冻半小时，取出用消毒食用袋包装好，放入冰箱，可随时食用。

【特　点】 清凉酸甜，利口开胃。

7. 双色冰糕

【原　料】 红果冰糕 750 克，牛奶冰糕 750 克。

【制　法】 先把鲜奶冰糕抹在冰糕盒内二分之一，放入速冻箱冻半小时后取出，再把红果抹在冰糕盒另一半上，再速冻半小时取出成双色，用消毒食用袋包装好，放冰箱保存，可随时食用(可出 20 块)。

【特　点】 形成下面是白色，上面是红色的双色冰糕，酸甜利口，清热解烦。

8. 三色冰糕

【原　料】 巧克力冰糕、红果冰糕、牛奶冰糕各 500 克。

【制　法】 把三种颜色分成三份，第一层巧克力，第二层红果，第三层牛奶，每层三分之一，冷冻两次取出，用消毒食用袋包装好，放冰箱可随时食用。

【特　点】 清凉爽口，食用多味。

9. 巧克力果仁冰糕

【原　料】 可可粉 150 克，鲜牛奶 250 毫升，白糖 100 克，炼乳 100 克，熟花生米 150 克，黄油 50 克，水 500 毫升，淀粉 100 克，明胶 50 克。

【制　法】 把可可粉、淀粉、明胶用水澥开，放锅内，加水、白糖、炼乳、黄油上火烧开，溶化后离火，晾凉，再放切碎的花生米，倒入冰糕盒里，放入速冻箱里，速冻半小时取出，用消毒食用袋包装好，放冰箱里即可。可随时食用（可出20块）。

【特　点】 口味清香，鲜美。

10. 银耳莲子百合冰糕

【原　料】 水发银耳、莲子各100克，百合50克，枸杞子250克，炼乳100克，白糖200克，淀粉100克，明胶50克，水500毫升，橘子汁50毫升。

【制　法】 先把莲子、百合、枸杞子浸泡1小时。与水发银耳撕碎后，一同放入锅内，加上清水，烧开煮熟。再把白糖、淀粉、明胶，用水澥开，加入炼乳、橘子汁，放入锅里烧开，溶化后，离火晾凉，倒入冰糕盒里，放入速冻冰箱，速冻半小时取出，用消毒食用袋包装好，放入冰箱，可随时食用。

【特　点】 色泽鲜艳，清凉爽口，防暑降温。

11. 橘子冰糕

【原　料】 罐头橘子250克，橘子汁500毫升，白糖、淀粉各100克，食用明胶50克，水500毫升。

【制　法】 把罐头里的橘子切丁。把橘子汁、白糖、明胶、淀粉用水澥开，一起放入锅内烧开，离火晾凉，再放入切好的橘子丁，搅拌均匀，倒入冰糕盒里，放入速冻冰箱里，冻半小时取出，用消毒食用袋包好，放入冰箱可随时食用。

【特　点】 色彩金黄透亮，口感甜酸，橘子味清香怡人。

12. 绿豆沙冰糕

【原　料】 绿豆250克，白糖20克，炼乳、明胶各50克，淀粉100克，水500毫升，菠萝汁50毫升。

【制　法】 把绿豆洗净，浸泡半天，放锅内加入水，上火烧开，把豆子煮熟煮烂，再放入白糖、炼乳、菠萝汁、淀粉、明胶，用水澥

开，放入锅内烧开溶化，离火晾凉，倒入冰糕盒里，放入速冻冰箱，速冻半小时取出，用消毒食用袋包好，放入冰箱可随时食用。

【特　点】 口感绵软，清凉。防暑降温，清热。

13. 香橙冰糕

【原　料】 香橙肉 200 克，香橙汁 250 毫升，白糖 200 克，淀粉 100 克，明胶 50 克，水 500 毫升。

【制　法】 把香橙肉切成丁。另把香橙汁、白糖、水放入锅内烧开，再将淀粉、明胶用水澥开，放入锅里溶化后，离火晾凉，放入香橙丁搅拌均匀，倒入冰糕盒里。把冰糕盒放入速冻冰箱里，冻半小时取出，用消毒食用袋包好，放入冰箱，可随时食用。

【特　点】 色泽金黄喜人，口感酸甜。

14. 柠檬冰糕

【原　料】 柠檬肉 150 克，柠檬汁 250 毫升，白糖 150 克，淀粉 100 克，明胶 50 克，矿泉水 500 毫升，吉士粉 10 克。

【制　法】 把柠檬肉切丁备用。另把柠檬汁、白糖、矿泉水、吉士粉放一起搅拌均匀，放入锅内烧开，再将淀粉、明胶用水澥开，放入锅内烧开溶化，离火晾凉，放柠檬肉搅拌均匀，倒入冰糕盒里，放入速冻冰箱速冻半小时取出，用消毒食用袋包好，放入冰箱，可随时食用。

【特　点】 色泽明快，清香爽口，促进食欲。

15. 奶香杏仁冰糕

【原　料】 鲜奶 250 毫升，炼乳 100 毫升，鲜杏仁 100 克，淀粉 100 克，明胶 50 克，水 500 毫升，黄油 50 克，吉士粉 10 克，鸡蛋 1 个，白糖 100 克，水 500 毫升。

【制　法】 把鲜奶、炼乳、打碎的杏仁、打散的鸡蛋、白糖、水、黄油、吉士粉一起放入锅内烧开，再把淀粉、明胶用水澥开，也放入锅内搅拌均匀，再烧开溶化，离火晾凉，倒入冰糕盒内，再放入速冻冰箱，速冻半小时取出，用消毒食品袋包好，再放入冰箱，可随时食用。

【特　点】 奶味浓香，营养丰富，清凉利口。

16. 草莓菠萝冰糕

【原　料】 草莓、菠萝各 100 克，菠萝汁 100 毫升，白糖 200 克，淀粉 100 克，明胶 50 克，水 500 毫升。

【制　法】 把草莓去蒂。菠萝去皮，洗净，切碎备用。再把菠萝汁、白糖、水放入锅内烧开后，把淀粉、明胶用水澥开，放入锅内再烧开溶化，离火晾凉，加入草莓、菠萝丁拌匀，倒入冰糕盒里，放入速冻冰箱里，速冻半小时后取出，用消毒食品袋包装好，放冰箱保存，可随时食用。

【特　点】 酸甜利口，清凉防暑。

17. 香瓜樱桃冰糕

【原　料】 香瓜、樱桃各 100 克，白糖 200 克，淀粉 100 克，明胶 50 克，水 500 毫升，桃汁 100 毫升。

【制　法】 先把香瓜洗净，去皮，切碎。樱桃去把，洗净，切丁备用。再把桃汁、白糖、淀粉、用水澥开的明胶放入锅内搅拌均匀，上火烧开溶化，离火晾凉，加入香瓜、樱桃丁搅拌均匀，倒入冰糕盒里后，放入速冻冰箱里，速冻半小时取出，用消毒食品袋包装好，再放冰箱保存，可随时食用。

【特　点】 色泽鲜美，甜酸利口。

18. 芒果冰糕

【原　料】 芒果 150 克，橙汁 100 毫升，白糖 150 克，明胶 50

克，水 500 毫升，金糕 50 克。

【制　法】 先把芒果洗净，去皮、核，切丁，金糕切丁备用。另把橙汁、白糖、水放入锅内，明胶用水澥开后，放入锅内，上火烧开溶化，离火晾凉，加入芒果、金糕丁搅拌均匀后，倒入冰糕盒内，放入速冻冰箱速冻半小时取出，用消毒食用袋包好，放入冰箱，可随时食用。

【特　点】 色泽透明，清亮，凉爽。

19. 杏仁露芒果金糕冰糕

【原　料】 杏仁露 500 毫升，芒果 100 克，金糕、明胶、白糖各 50 克，杏仁精 2 克，水 250 毫升。

【制　法】 先把杏仁露、白糖、水、明胶，放入锅中上火烧开溶化，离火晾凉。再把芒果洗净，去皮、核，切丁，金糕切丁放入锅内搅拌均匀，倒入冰糕盒里，再放速冻冰箱里速冻后取出，用消毒食用袋包好，再放冰箱保存，可随时食用。

【特　点】 酷夏佳品，清凉去暑。

20. 奶香葡萄干冰糕

【原　料】 鲜奶 500 毫升，黄油 20 克，葡萄干 50 克，淀粉 25 克，明胶 30 克，水 250 毫升，白糖 50 克。

【制　法】 把鲜奶、黄油、白糖、水放锅中，上火，再把淀粉、明胶用水澥开，淀粉、明胶放入锅中烧开溶化，离火放凉后，加入葡萄干，倒入冰糕盒里，放入速冻冰箱速冻半小时取出，用消毒食用袋包好，放冰箱保存，可随时食用。

【特　点】 口味香甜，清爽怡人。

五、冰淇淋类

1. 奶香冰淇淋

【原 料】 白糖 200 克,鸡蛋 150 克,淀粉 100 克,奶粉 75 克,水 200 毫升,香草粉 2 克。

【制 法】 先把淀粉、奶粉用凉水澥开,放入锅内,再把鸡蛋磕入碗内搅拌均匀,倒入锅内,再加入水和香草粉一起搅拌均匀,上火烧开溶化,离火晾凉,放入冰淇淋机内制成冰淇淋。

【特 点】 清凉,奶香味浓郁。

【说 明】 若没有冰淇淋机可用手工自制:把原料对好加热消毒,晾凉放入速冻冰箱,每隔 1 小时搅拌 1 次,由糊状成为冰淇淋状时,可随时食用。

2. 巧克力冰淇淋

【原 料】 可可粉 50 克,鲜牛奶 300 毫升,鸡蛋 150 克,淀粉 100 克,水 200 毫升,香草粉 2 克。

【制 法】 先把可可粉、淀粉、香草粉用水澥开,鸡蛋磕入碗中搅拌均匀,再加入鲜奶一起搅拌均匀,放入锅内烧开溶化,离火晾凉,放入冰淇淋机内制成冰淇淋。

【特 点】 巧克力香浓,爽口。

【说 明】 若没有冰淇淋机可用手工自制,同上述奶香冰淇淋制作一样。

3. 鲜奶冰淇淋

【原 料】 鲜奶 500 毫升,黄油 25 克,淀粉 100 克,白糖 150 克,鸡蛋 150 克,水 200 毫升,香草粉 2 克。

【制　法】 把鲜奶、黄油、白糖、水放锅中，上火溶化，再把淀粉、香草粉用水澥开，加入打散的鸡蛋放一起搅拌均匀，然后放入锅中，上火烧开，离火晾凉，放入冰淇淋机制成冰淇淋，即可食用。

【特　点】 奶味浓浓，清凉爽口。

4. 草莓冰淇淋

【原　料】 草莓 500 克，鲜奶 250 毫升，草莓汁 100 毫升，草莓精 2 克，淀粉 100 克，白糖 150 克，水 200 毫升。

【制　法】 先把草莓洗净，去蒂，切碎，放粉碎机里，进行粉碎，放锅内，再把淀粉澥开加入牛奶、水、草莓精、白糖、鸡蛋搅拌均匀，烧开灭菌，离火晾凉，放入冰淇淋机制成冰淇淋，即可食用。

【特　点】 草莓味酸甜，清凉利口。

5. 菠萝冰淇淋

【原　料】 鲜菠萝 500 克，菠萝汁 100 毫升，菠萝精 3 克，奶粉 100 克，淀粉 200 克，水 200 毫升。

【制　法】 先把菠萝洗净，去皮，切碎，放粉碎机进行粉碎后，放锅内，再放入菠萝汁、水、菠萝精，把淀粉、奶粉、鸡蛋用水澥开，也放入锅内，搅拌均匀，上火烧开灭菌，离火晾凉，放入冰淇淋机制成冰淇淋，即可食用。

【特　点】 菠萝味道香浓，凉爽利口。

6. 橘子冰淇淋

【原　料】 鲜橘子肉 250 克，橘子汁 500 毫升，橘子精 2 克，淀粉 200 克，奶粉 100 克，白糖 100 克，水 200 毫升。

【制　法】 先把橘子肉放粉碎机里粉碎，放入锅内。再把淀粉、奶粉、白糖用水澥开，也放入锅内，将鸡蛋磕开，放锅内搅拌均匀，上火烧开灭菌，离火晾凉，放入橘子精后，加入冰淇淋机制成冰淇淋，即可食用。

【特　点】 橘味香甜，口感清凉。

7. 西瓜冰淇淋

【原　料】 西瓜500克，西瓜汁250毫升，西瓜精2克，白糖150克，淀粉200克，水200毫升，奶粉100克。

【制　法】 把西瓜洗净，去皮、子，切碎，放粉碎机进行粉碎，倒入锅内，再把淀粉、奶粉用水澥开放锅内，鸡蛋磕入锅内，再加入橘子汁、白糖、水搅拌均匀，上火烧开灭菌，晾凉，再放入橘子精，倒入冰淇淋机内制成冰淇淋，即可食用。

【特　点】 甜香爽口，消火，开胃。

8. 香芋冰淇淋

【原　料】 香芋500克，鲜奶250毫升，黄油50克，香草粉2克，白糖150克，水200毫升，淀粉200克，鸡蛋150克。

【制　法】 把香芋洗净，去掉外皮，切碎，蒸熟，放粉碎机粉碎，放入锅内，加入鲜奶、黄油、水，再将淀粉、香草粉、白糖用水澥开，放入锅内，磕入鸡蛋搅拌均匀，上火烧开灭菌，晾凉，倒入冰淇淋机制成冰淇淋，即可食用。

【特　点】 香芋味浓郁，清凉爽口。

9. 巧克力果仁冰淇淋

【原　料】 可可粉、黄油各50克，鲜牛奶300毫升，鸡蛋150克，白糖150克，淀粉200克，水200毫升，果仁200克。

【制　法】 把可可粉、淀粉、白糖用水澥开，放入锅内，再放入鲜奶、黄油，磕入鸡蛋，果仁去皮，切碎后放入锅内搅拌均匀，上火烧开灭菌，晾凉，倒入冰淇淋机制成冰淇淋，即可食用。

【特　点】 果味浓香，清爽怡人。

10. 哈密冰淇淋

【原 料】 哈密瓜500克,鲜奶250毫升,黄油50克,香草粉2克,白糖150克,淀粉200克,水200毫升,鸡蛋150克。

【制 法】 把哈密瓜洗净,去皮,切碎,放粉碎机粉碎,放锅内加入鲜奶、黄油、白糖,磕入鸡蛋,再把淀粉、香草粉用水澥开,放入锅内,搅拌均匀,上火烧开灭菌,晾凉,倒入冰淇淋机里制成冰淇淋,即可食用。

【特 点】 清香爽口。

11. 香蕉冰淇淋

【原 料】 香蕉500克,奶粉100克,黄油、柠檬汁各50克,白糖150克,淀粉200克,水200毫升。

【制 法】 香蕉去皮,放入粉碎机粉碎,放入锅内,调入柠檬汁、白糖、黄油,再把淀粉、奶粉用水澥开,放锅内,磕入鸡蛋搅拌均匀,上火烧开灭菌,晾凉,倒入冰淇淋机里制成冰淇淋,即可食用。

【特 点】 味道浓郁,凉爽怡人。

12. 香橙冰淇淋

【原 料】 鲜橙肉250克,鲜橙汁100毫升,奶粉100克,香橙精2克,淀粉200克,白糖150克,水200毫升,鸡蛋150克。

【制 法】 把香橙肉放粉碎机粉碎,放入锅内,调入橙汁、白糖、水,再把淀粉、奶粉、香橙精用水澥开,放锅内,磕入鸡蛋搅拌均匀,上火烧开灭菌,晾凉,倒入冰淇淋机制成冰淇淋,即可食用。

【特 点】 香甜,开胃,降温。

13. 酸奶冰淇淋

【原 料】 酸奶500毫升,鲜奶250毫升,香草粉2克,白糖

150 克，淀粉 200 克，水 200 毫升，鸡蛋 150 克。

【制　法】 把酸奶、鲜奶、香草粉、白糖放入锅内，再把淀粉用水澥开，放锅内，磕入鸡蛋搅拌均匀，上火烧开灭菌，晾凉，倒入冰淇淋机制出冰淇淋，即可食用。

【特　点】 口味酸甜，凉爽，利口开胃。

14. 芒果冰淇淋

【原　料】 芒果 500 克，芒果汁 100 毫升，芒果香精 2 克，鲜奶 250 毫升，白糖 150 克，淀粉 200 克，水 200 毫升，鸡蛋 150 克。

【制　法】 把芒果洗净去皮、核，切碎放粉碎机粉碎。放入锅内加入芒果汁、香精、白糖、鲜奶、水，再将淀粉用水澥开，放锅内，磕入鸡蛋后搅拌均匀，上火烧开灭菌，离火晾凉，倒入冰淇淋机里制成冰淇淋，即可食用。

【特　点】 口感甜香，清爽怡人。

15. 芦荟营养冰淇淋

【原　料】 芦荟 500 克，鲜奶 250 毫升，黄油 50 克，香草粉 2 克，白糖 150 克，柠檬汁 50 毫升，水 200 毫升，淀粉 200 克，鸡蛋 150 克。

【制　法】 把芦荟洗净，去掉老皮，切碎，放粉碎机粉碎，放锅内，调入鲜奶、黄油、白糖、柠檬汁，再把淀粉用水澥开，放锅内，磕入鸡蛋后，搅拌均匀，上火烧开灭菌，离火晾凉，倒入冰淇淋机里制成冰淇淋，即可食用。

【特　点】 营养丰富，味道清香，还可美容。

16. 南瓜冰淇淋

【原　料】 南瓜 500 克，鲜奶 250 毫升，黄油 50 克，香草粉 3 克，白糖 150 克，鸡蛋 150 克，淀粉 200 克，水 200 毫升。

【制　法】 把南瓜洗净，去皮，蒸熟，放粉碎机粉碎放入锅内，调入鲜奶、黄油、白糖，磕入鸡蛋，再把淀粉、香草粉用水澥开，放入锅内搅拌均匀，上火烧开灭菌，离火晾凉，倒入冰淇淋机里制成冰淇淋，即可食用。

【特　点】 营养丰富，还可降血糖。

17. 豆沙冰淇淋

【原　料】 红小豆250克，鲜奶200毫升，黄油50克，碱2克，香草粉3克，鸡蛋150克，淀粉200克，水200毫升，白糖150克。

【制　法】 把红小豆洗净，浸泡半天，加碱，蒸烂，晾凉，放粉碎机粉碎放入锅内，调入鲜奶、黄油、白糖、水，再把淀粉、香草粉用水澥开，也放锅内，磕入鸡蛋搅拌均匀，倒入冰淇淋机里制成冰淇淋，即可食用。

【特　点】 香甜浓郁，清凉利口。

18. 红果冰淇淋

【原　料】 山楂500克，山楂汁100毫升，白糖150克，酸梅精2克，淀粉200克，水200毫升，鸡蛋150克。

【制　法】 先把山楂洗净，切开，去子，放锅内，加糖煮烂，晾凉，放粉碎机粉碎，再放锅内，加入山楂汁、水，把淀粉、酸梅精用水澥开，放入锅内，磕入鸡蛋搅拌均匀，上火烧开灭菌，离火晾凉，倒入冰淇淋机制成冰淇淋，即可食用。

【特　点】 酸甜爽口，开胃，增加食欲。

19. 猕猴桃冰淇淋

【原　料】 猕猴桃500克，猕猴桃汁100毫升，白糖200克，淀粉200克，水200毫升，鸡蛋150克。

【制　法】 先把猕猴桃洗净，去皮，切碎，放粉碎机粉碎，放锅内，加入猕猴桃汁、白糖，磕入鸡蛋，再把淀粉、香草粉用水澥开，放入锅内搅拌均匀，倒入冰淇淋机里制成冰淇淋，即可食用。

【特　点】 酸甜利口，开胃助消化。

20. 木瓜冰淇淋

【原　料】 木瓜 500 克，奶粉 100 克，木瓜汁 100 毫升，白糖 150 克，鸡蛋 150 克，木瓜精 2 克，水 200 毫升，淀粉 200 克。

【制　法】 把木瓜洗净，去皮、核，切碎，放粉碎机粉碎，放入锅内加入鲜奶、木瓜汁、白糖、木瓜精、水，磕入鸡蛋，再把淀粉澥开，放锅内搅拌均匀，倒入冰淇淋机里制成冰淇淋，即可食用。

【特　点】 口感香甜，清凉爽口。

六、冰棍类

1. 奶香冰棍

【原　料】 鲜奶 500 克，黄油 50 克，香草粉 3 克，鸡蛋 150 克，白糖 150 克，淀粉 200 克，水 200 毫升。

【制　法】 ①把鲜奶放入锅内，加入黄油、白糖、水，磕入鸡蛋，再把淀粉、香草粉用水澥开，放锅内搅拌均匀，上火烧开灭菌，晾凉。 ②将原料倒入冰棍盒里，插上木棍，放速冻箱速冻后取出，即可食用。

【特　点】 奶香味浓郁，清凉可口。

2. 小豆冰棍

【原　料】 红小豆 250 克，奶粉 100 克，黄油 50 克，香草粉 2 克，水碱 1 克，鸡蛋 150 克，淀粉 200 克，水 200 毫升，白糖 150 克。

【制　法】 ①把红小豆洗净，用水浸泡半天，放锅内，加水碱，

煮熟煮烂，晾凉，放粉碎机粉碎，放锅内，加入水、白糖、黄油，磕入鸡蛋，再把淀粉、香草粉用水澥开，放锅内后搅拌均匀，上火烧开灭菌放凉。 ②将原料倒入冰棍盒里，插上木棍，放速冻箱速冻后取出，即可食用。

【特　点】 香甜，味美。

3. 绿豆冰棍

【原　料】 绿豆 250 克，奶粉 100 克，黄油 50 克，水碱、香草粉各 2 克，白糖 150 克，鸡蛋 150 克，淀粉 200 克，水 200 毫升。

【制　法】 ①把绿豆洗净，浸泡半天，再放锅内，加水碱，煮熟煮烂，离火晾凉，放粉碎机粉碎，放锅内，加入黄油、白糖、水，磕入鸡蛋，最后把淀粉、香草粉用水澥开，放锅内后搅拌均匀，上火烧开灭菌放凉。 ②将原料倒入冰棍盒里，插上木棍，放速冻箱速冻后取出，即可食用。

【特　点】 防暑降温。

4. 巧克力冰棍

【原　料】 可可粉 100 克，鲜奶 400 毫升，黄油 50 克，白糖 150 克，淀粉 200 克，水 200 毫升，鸡蛋 500 克。

【制　法】 ①把鲜奶、黄油、白糖、水放入锅内，磕入鸡蛋，再把淀粉、可可粉用水澥开，放锅内后搅拌均匀，上火烧开灭菌，晾凉。 ②将原料倒入冰棍盒里，插上木棍，放速冻箱速冻后取出，即可食用。

【特　点】 香味浓浓，清凉爽口。

5. 红果冰棍

【原　料】 红果 500 克，红果汁 100 毫升，酸梅精 3 克，白糖 150 克，淀粉 200 克，水 200 毫升，鸡蛋 150 克。

【制　法】 ①把红果洗净，切开，去子，放锅内，加白糖煮熟煮烂，放凉，放粉碎机粉碎，放锅内，加入红果汁、酸梅精、水，磕入鸡蛋，再把淀粉用水澥开，放锅内搅拌均匀，上火烧开灭菌，晾凉。②将原料倒入冰棍盒里，插上木棍，放速冻箱速冻后取出，即可食用。

【特　点】 酸甜开胃，可增加食欲。

6. 草莓冰棍

【原　料】 草莓 500 克，鲜奶 200 毫升，草莓精 2 克，白糖 150 克，淀粉 200 克，水 200 毫升，鸡蛋 150 克。

【制　法】 ①把草莓洗净，去蒂，切碎，放粉碎机粉碎，放锅内，加入鲜奶、白糖、草莓精、水，磕入鸡蛋，再把淀粉用水澥开，放锅内后搅拌均匀，上火烧开灭菌，晾凉。 ②将原料倒入冰棍盒里，插上木棍，放速冻箱速冻后取出，即可食用。

【特　点】 酸甜利口，清凉可口。

7. 香蕉冰棍

【原　料】 香蕉 500 克，奶粉 100 克，香蕉精 3 克，白糖 150 克，鸡蛋 150 克，淀粉 200 克，水 200 毫升。

【制　法】 ①把香蕉去皮，切碎，放粉碎机粉碎，放锅内加入白糖、水、香蕉精，再把淀粉、奶粉用水澥开，放锅内，磕入鸡蛋搅拌均匀，上火烧开灭菌，晾凉。 ②将原料倒入冰棍盒里，插上木棍，放速冻箱速冻后取出，即可食用。

【特　点】 香甜利口。

8. 菠萝冰棍

【原　料】 菠萝 500 克，奶粉 100 克，菠萝汁 100 毫升，菠萝精 2 克，白糖 150 克，鸡蛋 150 克，淀粉 200 克，水 200 毫升。

【制 法】 ①把菠萝洗净，去皮，切碎，放粉碎机粉碎，放锅内，加入白糖、菠萝汁、香精，磕入鸡蛋，再把淀粉、奶粉用水澥开，放锅内搅拌均匀，上火烧开灭菌、晾凉。 ②将原料倒入冰棍盒里，插上木棍，放速冻箱速冻后取出，即可食用。

【特 点】 香甜浓浓，清凉利口。

9. 橘子冰棍

【原 料】 橘子肉400克，橘子汁150毫升，橘子精2克，白糖150克，鸡蛋150克，淀粉200克，水200毫升。

【制 法】 ①把橘子肉放粉碎机粉碎，放锅内，加入橘子汁、白糖、水，磕入鸡蛋、橘子精，再把淀粉用水澥开，放锅里后搅拌均匀，上火烧开灭菌，晾凉。 ②将原料倒入冰棍盒里，插上木棍，放速冻箱速冻后取出，即可食用。

【特 点】 口感清香，凉爽怡人。

10. 香桃冰棍

【原 料】 鲜黄桃500克，桃汁100毫升，桃精2克，白糖150克，鸡蛋150克，淀粉200克，水200毫升。

【制 法】 ①把香桃洗净，切开，去核，切碎，放粉碎机粉碎，放锅内，加上桃汁、白糖、水、桃精，磕入鸡蛋，再把淀粉用水澥开，放锅内搅拌均匀，上火烧开灭菌，晾凉。 ②将原料倒入冰棍盒里，插上木棍，放速冻箱速冻后取出，即可食用。

【特 点】 香甜利口。

11. 哈密瓜冰棍

【原 料】 哈密瓜500克，蜜瓜汁150毫升，蜜瓜精2克，白糖150克，淀粉200克，鸡蛋150克，水200毫升。

【制 法】 ①把蜜瓜洗净，去皮、子，切碎，放粉碎机粉碎，放锅内,加入蜜瓜汁、蜜瓜精、白糖、水,磕入鸡蛋,再把淀粉用水澥开,放锅内后搅拌均匀,上火烧开灭菌,晾凉。②将原料倒入冰棍盒里,插上木棍,放速冻箱速冻后取出,即可食用。

【特　点】 清香味美,凉爽。

12. 木瓜冰棍

【原　料】 木瓜 500 克,橙汁 100 毫升,木瓜精 2 克,白糖 150 克,鸡蛋 150 克,淀粉 200 克,水 200 毫升。

【制　法】 ①把木瓜洗净,去皮、核,切碎,放粉碎机粉碎,放锅内,加入橙汁、香精、白糖、水,磕入鸡蛋,再把淀粉用水澥开,放锅内后搅拌均匀,上火烧开灭菌,晾凉。②将原料倒入冰棍盒里,插上木棍,放速冻箱速冻后取出,即可食用。

【特　点】 清香,凉爽,利口。

13. 香橙冰棍

【原　料】 香橙肉 400 克,香橙汁 150 毫升,香橙精 2 克,白糖 150 克,淀粉 200 克,鸡蛋 150 克,水 200 毫升。

【制　法】 ①把香橙肉放粉碎机里粉碎,放锅内,加入香橙汁、香精、白糖,磕入鸡蛋,再把淀粉用水澥开,放锅内后搅拌均匀,上火烧开灭菌,晾凉。②将原料倒入冰棍盒里,插上木棍,放速冻箱速冻后取出,即可食用。

【特　点】 酸甜利口。

14. 芒果冰棍

【原　料】 芒果 500 克,芒果汁 150 毫升,芒果精 3 克,白糖 150 克,鸡蛋 150 克,淀粉 200 克,水 200 毫升。

【制　法】 ①把芒果洗净,去皮、核,切碎,放粉碎机粉碎,放锅内,加入芒果汁、香精、白糖、水,磕入鸡蛋,再把淀粉用水澥开,

放锅内，上火烧开灭菌，晾凉。 ②将原料倒入冰棍盒里，插上木棍，放速冻箱速冻后取出，即可食用。

【特 点】 香甜爽口。

15. 西瓜冰棍

【原 料】 西瓜500克，西瓜汁150毫升，西瓜精3克，白糖150克，鸡蛋150克，淀粉200克，水200毫升。

【制 法】 ①把西瓜洗净，去皮、子，切碎，放粉碎机粉碎，放锅内，加入西瓜汁、香精、白糖、水，磕入鸡蛋，再把淀粉用水澥开，放入锅内搅拌均匀，上火烧开灭菌，晾凉。 ②将原料倒入冰棍盒里，插上木棍，放速冻箱速冻后取出，即可食用。

【特 点】 色泽鲜艳，香甜爽口。

七、冰冻类

1. 红豆沙柠檬冰冻

【原 料】 红小豆250克，白糖200克，琼脂10克，碱面3克，水250毫升，柠檬汁50毫升。

【制 法】 ①把红小豆洗净，浸泡半天，放锅内，加水、碱煮熟煮烂，晾凉，放粉碎机里粉碎，过罗，再放锅内，加白糖、琼脂，用开水泡化，放锅内一起烧开溶化，倒入方瓷盘里，凝固晾凉，放入冰箱，冰凉。 ②食用时取大饭碗一个，先放入冰粒、柠檬汁，上面放好切成方丁的红小豆冰冻，即可食用。

【特 点】 味道滑润，清凉爽口。

2. 绿豆沙橙汁冰冻

【原 料】 绿豆250克，白糖200克，琼脂10克，碱面3克，水 250 毫升，橙汁 50 毫升。

【制　法】 ①把绿豆洗净，浸泡半天，放入锅内，加水、碱，煮熟煮烂后晾凉，放粉碎机里粉碎，过罗，再放锅内。白糖、琼脂，用开水泡化，放入锅内一起烧开溶化，倒入方瓷盘里，凝固后晾凉，放入冰箱，冰凉。 ②食用时取大饭碗一个，先放入冰粒、橙汁，上面放切成方丁的绿豆沙冰冻，即可食用。

【特　点】 口味清香，甜美利口。

3. 豌豆沙冰冻

【原　料】 豌豆 250 克，白糖 200 克，琼脂 10 克，水 250 毫升，碱面 3 克，菠萝汁 50 毫升。

【制　法】 ①把豌豆洗净，浸泡半天，放入锅内，加上水、碱，煮熟煮烂，晾凉，放粉碎机粉碎，过罗，再放入锅内，白糖、琼脂用开水泡化，放入锅内一起烧开溶化，倒入方瓷盘里，凝固后晾凉，放入冰箱，冰凉。 ②食用时取大饭碗一个，先放入冰粒、菠萝汁，上面放切成方丁的豌豆沙冰冻，即可食用。

【特　点】 豌豆口感香甜，清凉利口。

4. 南瓜冰冻

【原　料】 南瓜 500 克，白糖 200 克，琼脂 10 克，桃汁 50 毫升，水 250 毫升。

【制　法】 ①把南瓜洗净，去皮、心，切碎，蒸熟放凉，放粉碎机粉碎。过罗，放入锅内，加入白糖、水，再用开水将琼脂化开，一起放入锅内，烧开溶化，倒入方瓷盘内，凝固晾凉，放入冰箱，冰凉。②取大饭碗一个，先放冰粒、桃汁，再把切成方丁的南瓜冰冻放上，即可食用。

【特　点】 香甜可口。

5. 红果橘子汁冰冻

【原　料】 红果 500 克，白糖 300 克，琼脂 10 克，水 250 毫升，山楂汁、橘子汁各 50 毫升。

【制　法】 ①把红果洗净，切开，去子，放入锅内，加入水、白糖、橘子汁烧开，煮熟煮烂，离火晾凉后，放粉碎机粉碎，放锅内，再用开水将琼脂化开，放锅内烧开溶化，离火放凉，倒方瓷盘里，凝固晾凉，放冰箱，冰凉。　②食用时取大饭碗一个，先把冰粒放入碗中，再倒入山楂汁、橘子汁，后把红果冰冻切成方丁，放在上面即可食用。

【特　点】 色泽鲜艳，酸甜怡人，开胃。

6. 菠萝冰冻

【原　料】 菠萝 500 克，白糖 200 克，菠萝汁 50 毫升，琼脂 10 克，水 250 毫升。

【制　法】 ①把菠萝洗净，去皮，切碎，放粉碎机里粉碎后，放锅内，加入白糖、水，用开水将琼脂化开，放入锅内一起烧开溶化，离火，倒入方瓷盘里，凝固晾凉放入冰箱，冰凉。　②食用时取大饭碗一个，先把冰粒放入，再放菠萝汁，把切成方丁的菠萝冰冻放在上面，即可食用。

【特　点】 色泽明亮，香甜利口。

7. 咖啡薄荷冰冻

【原　料】 咖啡粉 150 克，白糖 200 克，薄荷精 3 克，水 300 毫升，琼脂 10 克，柠檬汁 50 毫升。

【制　法】 ①将咖啡粉用水溶化，放锅内，加水、白糖、薄荷精，再把琼脂用开水溶化，放锅内，上火烧开溶化，离火，晾凉，倒入方瓷盘里后，凝固后放冰箱，冰凉。　②食用时取大饭碗一个，先把冰粒放碗内，把柠檬汁放入，再把咖啡冰冻切成方丁放冰粒上面，即可食用。

【特　点】 咖啡味浓香，清凉利口。

8. 橘子冰冻

【原　料】 橘子肉 200 克，橘子汁 150 毫升，白糖 200 克，琼脂 10 克，水 200 毫升。

【制　法】 ①把橘子肉放粉碎机粉碎，放入锅内，加入橘子汁、白糖、水，再把琼脂用开水溶化，放锅内，一起上火烧开，灭菌，溶化，离火晾凉，倒入方瓷盘里，凝固晾凉，再放冰箱，冰凉，食用时切丁。 ②食用时取大饭碗一个，先放入冰粒，加入橘子汁后，上面放切好的橘冻方丁，即可食用。

【特　点】 橘味香浓，凉爽怡人。

9. 黄桃冰冻

【原　料】 黄桃 500 克，黄桃汁 100 毫升，白糖 200 克，琼脂 10 克，水 200 毫升。

【制　法】 ①把黄桃洗净，去皮、核，切碎，放粉碎机粉碎，放入锅内，加入桃汁、白糖、水，再把琼脂用开水溶化，放锅内，一起上火烧开，灭菌，溶化，离火晾凉，倒入瓷盘内凝固放凉，入冰箱再冰凉。 ②食用时取大饭碗一个，先把冰粒放入，加入黄桃汁后，上面放切好的黄桃冻方丁，即可食用。

【特　点】 色泽明亮，香甜爽口。

10. 玉米金糕冰冻

【原　料】 甜嫩玉米 300 克，金糕 100 克，橙汁 200 毫升，白糖 100 克，水 200 毫升，琼脂 10 克。

【制　法】 ①把玉米粒放粉碎机里粉碎，放入锅内，加入橙

汁、白糖、水，再把琼脂用开水溶化，一起放锅内上火烧开，灭菌，溶化，离火晾凉，放入金糕粒后，倒入方瓷盘里，凝固放入冰箱，冰凉，食用时切成方丁。 ②取大饭碗一个，先放冰粒，加入橙汁，上面放入切好的玉米冻丁，即可食用。

【特 点】 玉米甜香，口感清凉，利口。

11. 杏仁冰冻

【原 料】 鲜杏仁 200 克，杏仁露 200 毫升，白糖 200 克，杏仁精 3 克，琼脂 10 克，水 200 毫升，柠檬汁 50 毫升。

【制 法】 ①把杏仁放粉碎机里粉碎，放入锅内，加入杏仁露、白糖、水、杏仁精，再用开水把琼脂溶化，一起放锅内上火烧开，灭菌，溶化，离火晾凉，倒入方瓷盘里，凝固后晾凉，放入冰箱，冰凉，切成方丁。 ②食用时取大饭碗一个，先放冰粒，加入柠檬，上面放上切好的杏仁冰冻丁，即可食用。

【特 点】 杏仁香甜，口感凉爽。

12. 雪梨冰冻

【原 料】 雪花梨 500 克，梨汁 100 毫升，白糖 200 克，水 200 毫升，琼脂 10 克。

【制 法】 ①把梨洗净，去皮、心，切碎，放粉碎机里粉碎，放锅内，加入梨汁、白糖、水，再把琼脂用开水溶化，放锅内，一起上火烧开，灭菌，溶化，离火晾凉，倒入方瓷盘里，凝固晾凉，放入冰箱，冰凉。 ②食用时取大饭碗一个，放冰粒，上面放入切好的梨冻丁，即可食用。

【特 点】 香甜利口，清凉。

13. 火龙果冰冻

【原 料】 火龙果 500 克，雪碧 100 克，白糖 200 克，琼脂 10

克，水 200 毫升，橙汁 50 毫升。

【制　法】①把火龙果洗净，去皮，切碎，放粉碎机里粉碎，放锅内，加入雪碧、白糖、水，再把琼脂用开水溶化，放锅内，一起上火烧开，灭菌，溶化，离火晾凉，倒入方瓷盘里，凝固晾凉，放入冰箱，冰凉。②食用时取大饭碗一个，先放冰粒，再倒入橙汁，上面放入切好的冰冻丁，即可食用。

【特　点】色泽鲜艳，香脆利口。

14. 草莓冰冻

【原　料】草莓 200 克，橙汁 100 毫升，白糖 200 克，水 200 毫升，琼脂 10 克。

【制　法】①把草莓洗净，去蒂，切碎，放锅内，加入白糖、水、橙汁，再把琼脂用开水溶化，放锅内，一起上火烧开，灭菌，溶化，离火晾凉，倒入方瓷盘里，凝固晾凉，放入冰箱冰凉。②食用时取大饭碗一个，先把冰粒放入，加入橙汁，上面放上切好的冰冻丁，即可食用。

【特　点】色泽明亮，香甜利口。

15. 葡萄冰冻

【原　料】鲜葡萄 500 克，葡萄汁 100 毫升，白糖 200 克，琼脂 10 克，水 200 毫升。

【制　法】①把葡萄洗净，去皮、子，放粉碎机里粉碎，放锅内，加入白糖、水，再用开水把琼脂溶化，放锅内，一起上火烧开，灭菌，溶化，离火放凉，倒入方瓷盘里，凝固晾凉，放入冰箱冰凉。②食用时取大饭碗一个，先放入冰粒，再倒入葡萄汁，上面放入切好的冰冻丁，即可食用。

【特　点】色泽鲜美，口感怡人。

八、运动员饮料

1. 菊花苦瓜汁

【原　料】 白菊花 50 克，鲜苦瓜 250 克，精盐 5 克，苏打水 250 毫升，白糖 100 克。

【制　法】 菊花用开水泡发晾凉，取菊花水放锅内，将苦瓜洗净，切开去掉苦瓜心、子，切碎，放粉碎机里粉碎，放锅内，加入苏打水、精盐、水、白糖，上火烧开，灭菌，溶化，离火放凉，再放入冰箱冰凉，即可饮用。

【特　点】 清热润肺，解渴。

2. 番茄汁

【原　料】 番茄 500 克，苏打水 250 毫升，精盐 5 克，白糖 100 克，柠檬汁 50 毫升。

【制　法】 将番茄洗净，去皮、子，切碎，放粉碎机里粉碎，放锅内，加入白糖、精盐、水、苏打水、柠檬汁，上火烧开，灭菌，溶化，离火放凉，再放入冰箱冰凉，即可饮用。

【特　点】 清热解渴，凉爽。

3. 玉米粒银耳汁

【原　料】 甜玉米粒 25 克，水发银耳 100 克，枸杞子 50 克，白糖 100 克，精盐 5 克，水 200 毫升，苏打水 200 毫升。

【制　法】 把玉米粒、银耳放粉碎机粉碎，放锅内，再加入苏打水、白糖、精盐，枸杞子洗净，一起放入锅内，上火烧开，灭菌，溶化，离火放凉后，放入冰箱冰凉，即可饮用。

【特　点】 可增强体质，缓解疲劳。

4. 薄荷苹果汁

【原　料】 国光苹果500克，矿泉水250毫升，薄荷汁5毫升，橘子汁100毫升，白糖100克，精盐5克，水200毫升。

【制　法】 把苹果洗净去皮去心切碎，放粉碎机里进行粉碎后，放锅内，再加入水、白糖、矿泉水、精盐、薄荷汁，上火烧开，灭菌，溶化，离火放凉后，加入橘子汁，入冰箱冰凉，即可饮用。

【特　点】 含有多种维生素，可强身壮体。

5. 清淡薄荷橘子汁

【原　料】 橘子肉300克，苏打水500毫升，精盐3克，白糖100克，水200毫升，薄荷精3克。

【制　法】 把橘子肉放粉碎机粉碎，放锅内，再加入水、白糖、精盐，一起上火烧开，灭菌，溶化，离火放凉，对上苏打水放入冰箱冰凉，饮用时放冰块。

【特　点】 清淡凉爽。

6. 西瓜汁

【原　料】 西瓜500克，矿泉水500毫升，精盐3克，水100毫升，柠檬50克。

【制　法】 把西瓜洗净，去皮、子，切碎，放粉碎机里粉碎，放锅内，再加入矿泉水、精盐、水，一起上火烧开，灭菌，溶化，离火放凉，对上柠檬汁后放冰箱冰凉，食用时加入冰块。

【特　点】 色泽鲜红，甜咸利口。

7. 生姜香橙汁

【原　料】 生姜50克，香橙肉250克，白糖100克，精盐3克，矿泉水500毫升。

【制　法】 把生姜洗净，去皮，切碎，和香橙肉一起放粉碎机里粉碎，放锅内，再加入白糖、精盐、矿泉水，一起烧开，灭菌，溶化后，离火放凉，再放冰箱冰凉，饮用时放入冰块。

【特　点】 色泽鲜美，口味怡人。

8. 生姜柚子汁

【原　料】 生姜 50 克，柚子 500 克，白糖 100 克，精盐 3 克，矿泉水 500 毫升。

【制　法】 将生姜洗净，去皮，切碎，柚子去皮、子，切碎一起放粉碎机里粉碎，放锅内，再加入白糖、矿泉水、精盐，一起上火烧开，灭菌，溶化，离火放凉，再放入冰箱冰凉，食用时放入冰块。

【特　点】 口感清香，姜汁浓郁。

9. 椰子汁奶汁

【原　料】 椰子汁 250 毫升，鲜奶 250 毫升，矿泉水 250 毫升，白糖 100 克，精盐 3 克。

【制　法】 把椰子汁、鲜奶、矿泉水、白糖、精盐放锅内，上火烧开，灭菌，溶化，离火放凉，放冰箱冰凉，食用时放入冰块。

【特　点】 色泽洁白，香甜利口。

10. 蜂蜜黄桃汁

【原　料】 黄桃 500 克，苏打水 500 毫升，蜂蜜 50 克，薄荷 3 克，水 200 毫升，精盐 3 克。

【制　法】 将黄桃洗净，去皮、核，切碎，放粉碎机里粉碎，放锅内，再加入水、蜂蜜、精盐，一起上火烧开，灭菌，溶化，离火放凉对上苏打水，放冰箱冰凉，食用时放入冰块。

【特　点】 色泽金黄，味道鲜美。

11. 柠檬蜂蜜蛋黄汁

【原　料】 柠檬肉 250 克,蜂蜜 50 克,蛋黄 200 克,矿泉水 250 毫升,精盐 3 克,白糖 200 克。

【制　法】 把柠檬肉、蛋黄一起放粉碎机里粉碎,放入锅内,再加入矿泉水、白糖、精盐、蜂蜜搅拌均匀,上火烧开,灭菌,溶化,离火放凉,再放入冰箱冰凉,食用时放入冰块即可。

【特　点】 营养丰富,气味浓香。

12. 番茄苏打汁

【原　料】 番茄 500 克,苏打水 500 毫升,白糖 200 克,葡萄糖 50 克,精盐 3 克,乳酸钙 5 片,维生素 C 10 片。

【制　法】 把番茄洗净,去皮、子,切碎,放粉碎机里粉碎,放入锅内加入苏打水、白糖、葡萄糖、精盐搅拌均匀,上火烧开,灭菌,溶化,离火放凉,再把乳酸钙、维生素片粉碎,放番茄汁里搅拌均匀,放冰箱冰凉,饮用时放上冰块即可。

【特　点】 营养丰富,增强体质,清凉爽口。

13. 人参灵芝汁

【原　料】 人参、灵芝各 50 克,白糖 100 克,矿泉水 100 毫升,柠檬 50 克,橘汁 100 毫升,精盐 3 克。

【制　法】 将人参、灵芝用水洗净,再用温水浸泡半天,切碎,放粉碎机里粉碎,放入锅内,再加入矿泉水、橘汁、白糖、精盐,一起上火烧开,灭菌,溶化,离火放凉,将柠檬切成片放锅内,再入冰箱冰凉,饮用时加冰块即可。

【特　点】 营养丰富润补,可增强体质。

14. 无花果罗汉果汁

【原　料】 无花果、罗汉果各250克，矿泉水100毫升，薄荷精3克，白糖100克，葡萄糖50克。

【制　法】 把无花果、罗汉果洗净，切碎，放粉碎机里粉碎，放锅内加入白糖、葡萄糖、矿泉水，一起上火烧开，灭菌，溶化，离火放凉，放入薄荷精后，再放冰箱冰凉，饮用时加冰块后即可食用。

【特　点】 消减疲劳，增强体质。

15. 运动员场上比赛饮料

【原　料】 白糖500克，葡萄糖50克，白菊花50克，柠檬酸10克，氧化钙10克，精盐20克，维生素C 10克，橘子精10克，矿泉水2500毫升，鲜柠檬汁100毫升。

【制　法】 将原料放锅内，一起烧开，灭菌，溶化，离火放凉，过滤装瓶，放入冰箱冰凉即可食用。

【特　点】 可增强体力，补充养分。

九、冰粥

1. 八宝冰粥

【原　料】 糯米、红小豆各100克，小枣、莲子、百合、杏仁各50克，葡萄干20克，花生米25克，水2500毫升，白糖250克，葡萄糖50克。

【制　法】 将糯米、红小豆、小枣、莲子、百合、杏仁、葡萄干、花生米去皮，放一起洗净，用清水浸泡半天，放入锅内，再加入水、白糖、葡萄糖，上火烧开，移入小火煮熟煮烂，离火放凉，再入冰箱冰凉，食用时放冰块即可。

【特　点】 营养丰富，滑润爽口。

2. 冰糖莲子银耳冰粥

【原　料】 糯米、鲜莲子各 250 克，水发银耳 100 克，水 1500 毫升，白糖 200 克，葡萄糖 50 克。

【制　法】 把糯米、莲子、银耳洗净，浸泡半天，放锅内，再加水、白糖、葡萄糖，一起上火烧开，移入小火煮熟煮烂，离火放凉，再入冰箱冰凉，食用时加入冰块即可。

【特　点】 清热润肺，凉爽可口。

3. 橘饼无花果冰粥

【原　料】 橘饼 50 克，无花果 50 克，糯米 250 克，白糖 200 克，水 1000 毫升，葡萄糖 25 克。

【制　法】 把橘饼切成方丁，无花果切成粒，糯米洗净，浸泡半天，放锅内加水、白糖、葡萄糖、橘饼、无花果，一起上火烧开，移小火煮熟煮烂，离火放凉，入冰箱冰凉，食用时加冰块即可。

【特　点】 清热，润肺。

4. 糯米金糕冰粥

【原　料】 糯米 250 克，甜玉米粒 100 克，金糕 50 克，白糖 100 克，水 1000 毫升，葡萄糖 25 克。

【制　法】 把糯米洗净，浸泡半天，放锅内，再加水、白糖、葡萄糖，一起上火烧开，移入小火煮熟煮烂，离火放凉，将金糕切成粒，放粥内搅拌均匀，再入冰箱冰凉，食用时加入冰块即可。

【特　点】 色泽鲜艳，口感酸甜利口。

5. 胡萝卜白薯冰粥

【原　料】 玉米糙 250 克，胡萝卜 100 克，白薯 150 克，水

1000毫升，白糖180克，葡萄糖25克，桂花50克。

【制　法】将玉米糁洗净，浸泡半天，再把胡萝卜、白薯洗净，去皮，切成方丁，放入锅内，加入水、白糖、葡萄糖、桂花一起上火烧开，移入小火煮熟煮烂，离火放凉，入冰箱再冰凉，食用时加冰块即可。

【特　点】润肠通便，润肺。

6. 绿豆杞子百合冰粥

【原　料】绿豆、糯米、枸杞子各250克，百合50克，水1000毫升，白糖200克。

【制　法】把绿豆、糯米、百合、枸杞子清洗干净，浸泡半天，放入锅内，加入水、白糖一起上火烧开，移入小火煮熟煮烂，离火放凉，入冰箱冰凉，食用时放冰块即可。

【特　点】清热解毒，防暑降温。

7. 甜玉米青豆冰粥

【原　料】糯米250克，甜玉米粒150克，鲜豌豆、胡萝卜各50克，水1000毫升，白糖200克，柠檬酸10克。

【制　法】把糯米洗净，浸泡半天，放锅内加入水、玉米粒、豌豆、白糖、柠檬酸，胡萝卜洗净，去皮，切成小方丁，放锅内，一起上火烧开，移入小火煮熟煮烂，离火放凉，再入冰箱冰凉，食用时放冰块即可。

【特　点】色泽鲜艳，香甜利口。

8. 南瓜冰粥

【原　料】南瓜600克，百合50克，胡萝卜50克，白糖200克，葡萄糖25克，水1500毫升，玉米糁250克。

【制　法】把玉米糁洗净，浸泡半天，放锅内，再把南瓜、胡萝卜洗净,去皮,切成方丁,百合放锅内,再加入水、白糖、葡萄糖,一起上火烧开,移入小火煮熟煮烂,离火放凉,再入冰箱冰凉,食用时加凉块即可。

【特　点】 润肠通便,还可降糖。

9. 芸豆大枣杞子冰粥

【原　料】 大白芸豆 500 克,大枣 100 克,土豆 100 克,枸杞子 25 克,白糖 200 克,水 1500 毫升,桂花 50 克,糯米 200 克。

【制　法】 把大白芸豆、糯米洗净,浸泡半天,放锅内,再加入水、白糖、桂花,再把大枣、枸杞子洗净,土豆去皮,切丁,洗净,放锅内,一起上火烧开,移入小火煮熟煮烂,离火放凉,再入冰箱冰凉,食用时加冰块即可。

【特　点】 舒筋活血,防衰老。

10. 香芋山药糯米冰粥

【原　料】 香芋 250 克,山药 100 克,糯米 250 克,白糖 200 克,葡萄糖 25 克,水 1500 毫升,橘子汁 50 毫升。

【制　法】 把香芋、山药洗净,去皮,切成方丁,放锅内,再把糯米洗净,浸泡半天,放锅内,再加入水、白糖、葡萄糖、橘子汁,一起上火烧开,移入小火煮熟煮烂,离火放凉,再入冰箱冰凉,食用时加冰块即可。

【特　点】 口感滑润,香甜利口。

11. 奶香麦片冰粥

【原　料】 鲜牛奶 500 毫升,大麦片 250 克,水 500 毫升,白糖 200 克,葡萄糖 250 克,胡萝卜 50 克,豌豆 50 克。

【制　法】 把胡萝卜洗净,切成方丁,放锅内,再加入鲜奶、麦片、豌豆、水、白糖、葡萄糖,一起上火烧开,煮熟煮烂,离火放凉,再

入冰箱冰凉，可随时食用。

【特　点】 色泽洁白，营养丰富。

12. 薏米仁冰粥

【原　料】 薏米仁400克，胡萝卜、山药、小枣各100克，水1500毫升，白糖200克，葡萄糖25克。

【制　法】 把胡萝卜、山药洗净，去皮，切成方丁，放锅内，再把薏米仁、小枣洗净，浸泡半天，放锅内，再加入水、白糖、葡萄糖，一起上火烧开，移入小火煮熟煮烂，离火放凉，再入冰箱冰凉，食用时加冰块即可。

【特　点】 清肺，润便。

13. 小米红豆冰粥

【原　料】 小米250克，红小豆、南瓜、山药各100克，白糖200克，水1500毫升。

【制　法】 把红小豆洗净，浸泡半天，放锅内，加水上火烧开移小火，先把红豆煮熟，放小米，再把南瓜、山药洗净，去皮，切成方丁，放锅内，加入白糖煮烂，离火放凉，再入冰箱冰凉，食用时加冰块即可。

【特　点】 暖胃补血。

14. 大麦糯米冰粥

【原　料】 大麦、糯米各250克，水1500毫升，白糖200克，葡萄糖25克，葡萄干50克。

【制　法】 将大麦、糯米洗净，浸泡半天，放锅内，再加水、白糖、葡萄干、葡萄糖，一起上火烧开，移入小火煮熟煮烂，离火放凉，再入冰箱冰凉，即可食用。

【特　点】 润肠清肺。

15. 粳米水果冰粥

【原　料】 粳米250克，菠萝、桂圆、红果、梨、芒果各50克，白糖200克，水150毫升。

【制　法】 将粳米洗净，浸泡半天，放锅内加入白糖、水上火煮烂，再把菠萝、桂圆、梨、芒果去皮、核，切丁，红果洗净，切开，去子，切丁，一起放锅内烧开，灭菌，离火放凉，再入冰箱冰凉，食用时加冰块即可。

【特　点】 色彩鲜艳，凉爽怡人。

16. 白果菠萝杞子冰粥

【原　料】 粳米250克，菠萝肉100克，枸杞子25克，白糖100克，瓜子仁10克，水100毫升，桂花25克，白果仁50克。

【制　法】 把粳米淘净，菠萝肉切丁，枸杞子清洗干净，泡发。煮锅上火加水烧开，放入粳米煮熟煮烂，再放入菠萝、白果、枸杞子瓜子仁、白糖，煮开离火放凉，加入桂花，放冰箱冰凉，即可食用。

【特　点】 营养丰富，味道甜美。

十、冰茶类

1. 咖啡鲜奶冰茶

【原　料】 咖啡粉50克，鲜奶250毫升，砂糖200克，鲜柠檬3片，樱桃1个。

【制　法】 将咖啡粉放咖啡壶里加水煮开，对上牛奶、砂糖倒入容器里放凉，再放冰箱里冰凉，食用时倒玻璃杯里，将柠檬片插在杯上，放上樱桃，加入冰块，即可饮用。

【特　点】 咖啡味浓香怡人。

2. 菊花柠檬冰茶

【原　料】 白菊花20克，鲜柠檬3片，白糖200克。

【制　法】 把菊花茶放茶壶里，用开水冲入，放入砂糖，溶化后放凉，倒入玻璃杯里，放2片柠檬，另1片放杯边上作装饰，再放入冰块，即可饮用。

【特　点】 清热去火，降温。

3. 柠檬冰红茶

【原　料】 柠檬3片，红茶5克，砂糖200克。

【制　法】 将红茶放茶壶里，冲入开水泡出红茶水，对上砂糖，放凉倒入容器里，放入冰箱冰凉，食用时倒玻璃杯里，加上冰块，放上柠檬2片，另一片放杯边上装饰，放入冰块，插入吸管，即可饮用。

【特　点】 口感清香，味道怡人。

4. 菊花冰绿茶

【原　料】 菊花20克，绿茶5克，柠檬3片，砂糖200克。

【制　法】 把菊花、绿茶放茶壶里，用开水冲泡，放入砂糖后放凉，倒入容器里，放入冰箱冰凉，饮用时倒入玻璃杯，放上冰块、柠檬2片，另一片放在杯边上作为装饰，插入吸管，即可饮用。

【特　点】 味道香甜怡人。

5. 大麦柠檬冰茶

【原　料】 大麦茶50克，柠檬3片，砂糖200克。

【制　法】 把大麦茶放壶里，用开水冲泡，加上砂糖倒容器里放凉，放入冰箱冰凉，食用时倒入玻璃杯，放入柠檬2片、冰块，再放入吸管，把另一片柠檬放杯边上作为装饰，即可食用。

【特　点】 大麦味香甜，解腻。

6. 龙井柠檬冰茶

【原　料】 龙井茶5克，柠檬3片。

【制　法】 把龙井茶放茶壶里，用开水冲泡后放凉，倒入容器里，放入冰箱冰凉，倒玻璃杯里，放入冰块、柠檬2片，另一片放在杯边作为装饰后，放入吸管，即可饮用。

【特　点】 茶味浓郁，清香怡人。

7. 咖啡冰红茶

【原　料】 咖啡粉50克，红茶5克，砂糖100克，柠檬3片。

【制　法】 把咖啡、红茶放茶壶里，用开水冲泡，放入砂糖后放凉，倒容器里，再放冰箱冰凉，食用时倒入玻璃杯，放上柠檬片，插入吸管，将另一片柠檬片放在杯口作为装饰，即可食用。

【特　点】 口感浓香，香甜适口。

8. 薄荷冰红茶

【原　料】 薄荷10克，红茶5克，砂糖100克，柠檬1片。

【制　法】 把鲜薄荷、红茶、砂糖放茶壶里，用开水冲泡后放凉，倒入容器里，再放冰箱冰凉，食用时倒入玻璃杯，放入吸管，将柠檬片放杯口边上作为装饰，即可饮用。

【特　点】 薄荷味浓凉，口感浓香。

9. 罗汉果冰茶

【原　料】 罗汉果50克，枸杞子20克，柠檬汁20毫升，白砂糖100克，水1500毫升，柠檬1片。

【制　法】 将罗汉果洗净，切成粒，枸杞子洗净，一起放锅内，再加入水，上火烧开煮透，离火放凉，放柠檬汁、白砂糖溶化后，再

入冰箱冰凉，饮用时倒入玻璃杯，再加上冰块，将柠檬片放在杯口边上作为装饰，放入吸管，即可饮用。

【特　点】 罗汉果口味香甜，去火，防暑降温。

10. 无花果橘饼冰茶

【原　料】 无花果 50 克，橘饼 50 克，白砂糖 100 克，薄荷叶 15 克，水 1500 毫升。

【制　法】 把橘饼、无花果切成粒放锅内，加入白砂糖、葡萄糖 25 克、薄荷叶、水，一起上火烧开，移小火煮透，离火放凉，再入冰箱冰凉，食用时倒玻璃杯里，放入冰块，放上吸管，即可饮用。

【特　点】 清香凉爽怡人。

11. 红糖姜汁薄荷冰茶

【原　料】 红糖 100 克，姜 50 克，薄荷叶 25 克，白砂糖 50 克，水 1500 毫升。

【制　法】 把姜洗净，去皮，切碎，薄荷叶洗净，放粉碎机里粉碎，放锅内加入水，上火烧开，移小火煮透，加入红糖、白砂糖溶化，离火放凉，再入冰箱冰凉，食用时倒入玻璃杯并加入冰块，放上吸管，即可饮用。

【特　点】 口感辛辣，去寒去热。

12. 大枣枸杞子冰茶

【原　料】 大枣 100 克，枸杞子 50 克，砂糖 100 克，葡萄糖 25 克，柠檬精 3 克，水 1500 毫升，维生素 C 2 克。

【制　法】 把大枣洗净，去核，放烤箱烤焦，取出切碎，枸杞子洗净，一起放锅内，加入水上火烧开，移入小火煮透，离火加入砂糖、葡萄糖、维生素 C，溶化放凉后，再入冰箱冰凉，食用时倒入玻璃杯并放入冰块，放上吸管，即可饮用。

【特　点】 甜香味美，味道浓郁。

13. 灵芝冰乌龙茶

【原　料】 灵芝 20 克，乌龙茶 10 克，白糖 100 克，水 100 毫升，鲜柠檬 2 片。

【制　法】 把灵芝切碎和乌龙茶放茶壶里，用开水冲泡，再放白糖，倒容器里，放入冰箱冰凉，食用时倒玻璃杯里，放入柠檬片，放上吸管，即可饮用。

【特　点】 可强身壮体，老人饮用防衰老。

14. 薄荷咖啡冰茶

【原　料】 薄荷叶 5 片(切碎)，咖啡粒 10 克，砂糖 100 克，水 1500 毫升。

【制　法】 把薄荷叶、咖啡粒放咖啡壶里，加水煮透，倒容器里放凉，加入砂糖，放入冰箱冰凉，食用时倒玻璃杯里，放上吸管，即可饮用。

【特　点】 咖啡味浓香，清凉利口。

15. 出水玉露

【原　料】 玉露茶 4 克，冰块 110 克，冷开水 100 毫升。

【制　法】 将玉露茶泡进冷开水后，放入冰箱至少要两小时，用茶筛子过滤，倒入装有冰块的玻璃杯里。

【特　点】 此饮料为日式饮料，在茶楼餐厅或观光胜地与餐点配合。

16. 麦茶

【原　料】 麦茶 15 克，精制糖 5 克，热开水 150 毫升，碎冰 200 克。

【制　法】 将麦茶和水放入锅中，用火煮开，文火滚泡两分钟，用茶筛子过滤，加入糖，倒入装有碎冰的杯中。也可先泡好麦茶，放入冰箱冷藏，需要时才取出。

【特　点】 有大麦的香气。

17. 绿茶水

【原　料】 绿茶糖浆 40 毫升，冷开水 120 毫升，冰 3～4 块。

【制　法】 先把冰放入玻璃杯中，然后把绿茶糖浆和冷开水添进去。

【特　点】 有绿茶的清香，又有丁香和柠檬的香气，凉爽怡人。

【说　明】 绿茶糖浆：一级绿茶 25 克，砂糖 670 克，丁香 0.04 克，柠檬酸 1 克，水 630 克。

绿茶用 150 克沸水浸泡 15～20 分钟，过滤，留汁。丁香先磨碎，煮沸，过滤，留汁。将柠檬酸溶于 20 克沸水中，与丁香抽提液混合。在 10%的糖浆中加入茶叶抽提液煮沸，再加入柠檬丁香液，仔细混匀即可。

18. 绿茶饮料

【原　料】 绿茶糖浆 40 毫升，冰淇淋 1 个，冰 3～4 块，高脂奶油 6 克，冷开水 120 毫升。

【制　法】 先把冰放进玻璃杯中，再放入糖浆和冷开水，用冰淇淋作漂浮物，然后添上一层奶油。

【特　点】 有绿茶的清香，又有丁香和柠檬的香气，冰淇淋的凉爽可口。

19. 水果茶什锦饮料

【原　料】 什锦水果 100 克，冰 200 克，香蕉 1 根(去皮)，橘子露 40 毫升，香瓜肉 100 克，冰茶(红茶约 3 克)80 克，生姜汁 200

毫升。

【制　法】 将前六项原料放入搅拌容器，充分搅拌后倒入玻璃杯，再倒入生姜汁。

【特　点】 是一款口味独特的清凉饮料。

20. 心酸酸

【原　料】 红茶 4 克，冰 5～6 块，热开水 100 毫升，蛋清 1 个，精制糖 10 克，橘子 1 片，橘汁 30 毫升，樱桃 1 个。

【制　法】 首先将红茶、冰、热开水做成冰茶，将蛋清、精制糖、橘汁放入搅拌机中充分搅拌，倒入玻璃杯中，加入冰茶，最后添加橘子片和樱桃作装饰。

【特　点】 这是一种酸性健康饮料，调制冰茶的手法十分重要。把水加到大锅里加热，快要滚沸时，加入茶叶，冲泡 5 分钟以上。做一些加了茶或果汁的冰块。把倒水茶壶放到冰箱内冷却一会儿。要喝的时候，把茶冰块放入倒水茶壶。

十一、老北京冰点

1. 果子干

【原　料】 干柿饼 500 克，干杏干 200 克，鲜藕 150 克，白糖 150 克，橘汁 250 毫升。

【制　法】 把柿饼、杏干用温水泡半天，放锅内煮开后放凉捣烂，放盆内加入橘汁、白糖，放入冰块，上面放入鲜藕片，入冰箱冰凉，食用时将果子干盛入大碗，即可食用。

【特　点】 清凉，酸甜利口。

2. 冰镇酸梅汤

【原　料】 乌梅150克，桂花100克，白糖200克，葡萄糖25克，水2000毫升。

【制　法】 先把乌梅放锅内加水，上火烧开，移小火煮半小时，离火，加入白糖、葡萄糖、桂花溶化后放凉，再入冰箱冰凉，食用时放玻璃杯里，放上吸管，即可饮用。

【特　点】 酸甜适口，去暑降温，是夏季的佳品。

3. 雪花酪

【原　料】 鲜牛奶500毫升，白糖250克，淀粉150克，水1500毫升，奶粉100克，食用明胶25克，柠檬酸25克。

【制　法】 把明胶用开水溶化，淀粉用水澥开，再把牛奶、白糖、水、柠檬酸，一起放锅内，上火烧开，灭菌，溶化，离火放凉，倒入专用冰桶，放制冷机里边搅拌边冷冻，成冰碴即成，食用时放大饭碗里即可。

若没有制冷机可用手工自制：把原料对好加热消毒，晾凉放入速冻冰箱，每隔1小时搅拌1次，由糊状成为冰碴状时，可随时食用。

【特　点】 清凉香甜，是夏季的佳品。

4. 冰碗

【原　料】 鲜藕500克，鲜莲子、鲜菱角、鲜马蹄各50克，鲜鸡头米20克，白糖200克，金糕25克，鲜荷叶一张。

【制　法】 取盖碗一个，把冰块放碗内，把荷叶洗净，再把荷叶按碗大小剪圆放冰上，把藕切成片，莲子、菱角、鸡头米、荸荠放碗内，金糕切丝，撒在上面，白糖淋在上面，盖上盖，放冰箱冰凉即可食用。

【特　点】 鲜嫩清香，口感爽快。

5. 杏仁豆腐

【原　料】 鲜甜杏仁 400 克，鲜苦杏仁 100 克，白糖 250 克，金糕 50 克，菠萝 50 克，菠萝汁 100 毫升，杏仁粉 50 克，水 500 毫升，琼脂 10 克。

【制　法】 ①把杏仁洗净，去皮，放粉碎机进行粉碎，放入锅内，加入白糖、水、杏仁粉，再把琼脂用开水溶化，放锅内一起上火烧开，灭菌，溶化后离火放凉。　②取小饭碗 20 个放案子上，将煮好的杏仁浆分在 20 碗里，待凝固放入冰箱冰凉，食用时取出用小尖刀斜滑菱形块，把冰好的菠萝汁倒入上面，放上菠萝片、金糕片即可食用。

【特　点】 色泽洁白，杏仁味浓郁，香甜爽口。

6. 橘子汁冰霜

【原　料】 橘子汁 50 毫升，刨冰 250 克。

【制　法】 将冻好消毒的方冰块放刨冰机里刨出冰霜，放入盘里淋上橘子汁，即可饮用。

【特　点】 色泽金黄，清凉利口。

7. 菠萝汁冰霜

【原　料】 菠萝汁 50 毫升，刨冰 250 克。

【制　法】 将冻好消毒的方冰块放刨冰机里刨出冰霜，放入盘里淋上菠萝汁，即可饮用。

【特　点】 菠萝味浓厚，甜凉利口。

8. 西瓜汁冰霜

【原　料】 西瓜汁 50 毫升，刨冰 250 克。

【制　法】 将制好消毒的方冰块放刨冰机里刨出冰霜，放入盘里淋上西瓜汁，即可饮用。

【特　点】 色泽鲜红，清凉利口。

9. 红小豆凉糕

【原　料】 红小豆 250 克，红糖 200 克，碱 3 克，水 1500 毫升，琼脂 10 克。

【制　法】 ①把红小豆洗净，浸泡半天，放锅内加水、碱、红糖上火烧开，移入小火煮熟煮烂，离火放凉过罗。　②将红豆沙放锅内，把琼脂用开水化开，放锅内，上火烧开离火，倒入方瓷盘里放凉凝固，再入冰箱冰凉。食用时将红豆凉糕切成菱角块，码盘内，即可食用。

【特　点】 豆沙香甜，清凉爽口。

10. 豌豆黄凉糕

【原　料】 豌豆 250 克，白糖 200 克，水 1500 毫升，琼脂 10 克。

【制　法】 ①把豌豆洗净，浸泡半天，放锅内加入水、白糖上火烧开，移入小火煮熟煮烂，离火放凉过箩后，将豌豆沙放锅内。②把琼脂用开水化开，放锅内上火烧开离火，倒入方瓷盘里放凉，凝固后再放冰箱冰凉，食用时把豌豆黄切成菱角块，码在盘里，即可食用。

【特　点】 色泽金黄，口感香甜。

11. 红果冰碴

【原　料】 小红山楂 500 克，白糖 250 克，水 1500 毫升。

【制　法】 把小山楂洗净，去子，放锅内加水、白糖上火烧开，移入小火，煮熟汁浓离火，放入盆内放凉，再放速冻冰箱里冻上冰碴取出，入冰箱保持冰碴不化，食用时盛入小饭碗里，连冰碴带小红山楂，即可食用。

【特　点】酸甜利口，清凉怡人，开胃助消化。

12. 奶酪

【原　料】鲜牛奶250毫升，白糖200克，水750毫升，琼脂10克。

【制　法】把鲜牛奶放锅里，加入白糖、水、琼脂用开水溶化后，一起上火烧开，灭菌，溶化，离火放凉，取小饭碗15个，放案子上码好，将鲜奶分到15个碗内，凝固后放冰箱冰凉，食用时取出，用小勺挖着吃。

【特　点】色泽乳白，甜香爽口。

13. 凉粉

【原　料】淀粉250克，水2000毫升，白矾10克，食盐5克，芝麻酱50克，酱油、醋各25克，腌胡萝卜丝、黄瓜丝、芥末、蒜泥各50克，辣椒油20克。

【制　法】①把淀粉用水澥开，白矾砸碎，用水泡化，放淀粉里，盐也放淀粉里，把锅加水上火烧开，将澥开的淀粉边倒边搅拌成糊状，倒入方瓷盘里，凝固后成凉粉，切成方块，放冰箱冰凉，把酱油、醋对上少量水冰凉。芝麻酱用水澥开和其他作料一起上桌。②食用时从冰箱取出一块，拿在手上，用小刀往碗里切成长方块，蘸上作料，即可食用。

【特　点】滑嫩、清爽，佐料味道鲜美。

14. 漏鱼

【原　料】淀粉250克，水2000毫升，白矾10克，食盐5克，酱油50克，醋50克(加100克水冰凉)，韭菜花50克，蒜泥200克，辣椒油200克。

【制　法】①把淀粉用凉水澥开，加入白矾、食盐搅拌均匀，取锅一个加水烧开，将澥开的淀粉往锅里倒，边倒边搅成糊状即成；再取大盆一个，放上冰凉水。将淀粉糊往大眼漏勺里挤压，漏到凉水盆里成为漏鱼，做完为止，放冰箱冰凉。　②把韭菜花、蒜泥、辣椒油、醋和酱油拌成醋蒜汁作料。食用时漏鱼放在大饭碗内，蘸上作料，即可食用。

【特　点】清凉，漏鱼爽口，防暑。

15. 扒糕

【原　料】白荞麦面500克，水1500毫升，芝麻酱150克，酱油50克，醋50克，盐12克，腌胡萝卜丝100克，黄瓜丝200克，芥末50克，蒜100克，辣椒油100克。

【制　法】①取锅加水烧开，将荞麦面往开水锅内倒，边倒边搅，烫熟为止，倒入瓷盘晾凉，取熟荞麦面150克，揉团拍平，两头尖中间鼓，放盘里入冰箱放凉。　②酱油和醋分别加100克水冰凉；芝麻酱放碗内，加盐10克，陆续加凉开水150克调匀；大蒜去皮，洗净，加盐2克捣碎；芥末用少量热开水浇开调成糊和腌胡萝卜丝、黄瓜丝一起上桌。　③食用时取冻凉的荞麦饼一个，用小刀切成薄片放入碗中，蘸上作料，即可食用。

【特　点】润滑，筋道，口感清凉爽口。

十二、现代时尚冰点

(一)新地冷食

小贴士：新地和圣代的英文是一个词，都是Sundae，它是美国的一个冰淇淋店主在冰淇淋上放上樱桃而发明的冷食。一开始只在星期天有卖，所以店主就给它取名

"Sunday",后来改称为"Sundae"。

家庭自制冷食时可在前述冰淇淋制法中按其风味要求选不同的冰淇淋制作。

1. 奥运圣火

【原　料】 草莓冰淇淋、冰粒各200克,柠檬汁50毫升,薄荷精2克,芒果丁、猕猴桃各25克,鲜柠檬1片,红樱桃1个,菠萝片1个。

【制　法】 取冰淇淋高脚杯一个,先放冰粒,再放入柠檬汁、薄荷精,放入芒果丁、猕猴桃丁,上面挤上草莓冰淇淋(挤出火苗形),上面点缀菠萝片,放上红樱桃,即可食用。

【特　点】 造型别致优美,饮用时有时代艺术感。

2. 罗曼斯新地

【原　料】 草莓、橘子、香草、巧克力雪糕丁各50克,橙汁100毫升,什锦水果丁100克,冰10块,薄荷酒20克,白兰地20毫升。

【制　法】 取高脚啤酒杯1个,先把冰块、橙汁放入,再把草莓、香草、橘子、巧克力雪糕丁放冰上,再加上什锦水果丁,淋上薄荷酒,即可食用。

【特　点】 造型优美动人,口味香甜。

3. 奶香水果冰粒

【原　料】 草莓、香瓜、猕猴桃、菠萝各50克,牛奶冰淇淋50克,冰粒200克,柠檬汁50毫升,白糖5克。

【制　法】 ①把草莓去蒂,洗净,切丁,香瓜、猕猴桃、菠萝洗净,去皮,切成丁。　②将冰粒放盘里,白糖放上面,淋上柠檬汁,放上冰淇淋,撒上水果丁,即可食用。

【特　点】 色彩纷呈，清甜爽口，怡人。

4. 核桃果仁菠萝冰粒

【原　料】 核桃、杏仁各50克，巧克力冰淇淋、冰粒各50克。

【制　法】 ①把菠萝洗净，去皮，切丁。　②将冰粒放入盘里，放入巧克力冰淇淋，上面撒上核桃仁、果仁、菠萝，即可食用。

【特　点】 果仁口感脆香，冰淇淋清凉甜美。

5. 西瓜莲子腰果冰粒

【原　料】 西瓜100克，莲子、腰果各50克，巧克力冰淇淋50克，冰粒300克。

【制　法】 ①西瓜去皮，切成丁，莲子煮熟，腰果烤熟，切碎待用。　②将冰粒放盘里，再放冰淇淋，最后再放水果，即可食用。

【特　点】 味道香甜，口感清脆，凉爽。

6. 巧克力五仁冰粒

【原　料】 巧克力冰淇淋150克，熟桃仁50克，熟果仁、熟杏仁、熟松子各25克，熟麻仁10克，冰粒300克，菠萝汁50毫升。

【制　法】 ①把菠萝去皮，洗净，切丁，果仁切碎。　②将冰粒放盘里，淋上菠萝汁，放上冰淇淋，撒上五仁，即可食用。

【特　点】 香脆，清凉味美。

7. 海滨风光

【原　料】 草莓冰淇淋200克，薄荷糖浆50毫升，橙汁50毫升，菠萝50克，金糕20克，冰粒150克，柠檬1片，红樱桃1粒。

【制　法】 取高脚冰淇淋玻璃杯一个，先把冰粒放杯内，加入橙汁，将冰淇淋挤在冰上面，再放上薄荷糖浆，把金糕、菠萝切成丁，撒在冰淇淋上面，再将柠檬片放杯口边上，上面放上樱桃作为装饰，即可饮用。

【特　点】 创意独特，凉爽怡人。

8. 香港之夜

【原　料】 草莓冰淇淋150克，芒果肉、香蕉肉、鲜柠檬肉、菠萝汁、酸奶各50克，冰粒200克，杏仁20克，柠檬1片、红樱桃1粒。

【制　法】 取高脚冰淇淋杯一个，先把冰粒放杯内，再加菠萝汁、酸奶，上面挤上草莓冰淇淋，再将芒果、香蕉、柠檬肉切成丁和杏仁拌在一起，撒在冰淇淋上面，再取柠檬1片，放在杯口边上，点缀上红樱桃，放上牛奶勺，即可食用。

【特　点】 色泽鲜美，如香港夜晚，五颜六色，别有情趣。

9. 小雪人

【原　料】 巧克力冰淇淋100克，橘子果冻50克，草莓50克，橘子汁50毫升，薄荷水10毫升，刨冰250克，奶油冰淇淋50克，柠檬1片，红樱桃1粒。

【制　法】 先取玻璃碗一个，加入冰粒、橘子汁，挤上巧克力冰淇淋，挤上奶油冰淇淋，再把草莓、橘子冻切成丁，淋在奶油冰淇淋上面，再撒上薄荷水，碗边上放上柠檬片，点缀上红樱桃，放上牛奶勺，即可食用。

【特　点】 造型如小雪人般活泼可爱，是少儿喜欢的佳品。

10. 情侣

【原　料】 草莓冰淇淋、奶油冰淇淋各100克，冰粒250克，橙汁50毫升，红樱桃、绿樱桃各1粒，柠檬1片，猕猴桃1片。

【制　法】 把冰粒放玻璃杯里，上面放入橙汁，一边挤上草莓冰淇淋，挤出人的造型，另一边挤上奶油冰淇淋，再把柠檬切小圆

片做帽子，放在草莓冰淇淋上面，点缀上红樱桃、猕猴桃，也同柠檬的做法一样作为装饰。

【特　点】 造型独特，优美动人。

11. 海南风光

【原　料】 草莓冰淇淋 100 克，绿薄荷汁 100 毫升，冰粒 250 克，猕猴桃 50 克，红樱桃、绿樱桃各 5 粒。

【制　法】 取花纹玻璃盆一个，先把冰粒放入，再把绿薄荷汁放入，后把草莓冰淇淋挤在上面成水纹，再把猕猴桃片切成小熊的样子，放在冰淇淋上面，点上红绿樱桃作为装饰，即可食用。

【特　点】 富有创意，色泽鲜艳，清凉香甜，颇有在海滨享受之感。

12. 巴黎夜晚

【原　料】 香草冰淇淋 150 克，黄桃蓉 100 克，碎核桃仁 50 克，菠萝汁 50 毫升，冰粒 250 克，菠萝丁 20 克，西瓜丁 25 克。

【制　法】 取圆肚冰淇淋杯一个，先放冰粒，再放菠萝汁、黄桃蓉后，挤上香草冰淇淋，撒上核桃仁、菠萝丁、西瓜丁即可食用。

【特　点】 色泽秀丽，味美爽口，宛如巴黎夜晚。

13. 美国女郎

【原　料】 草莓冰淇淋 150 克，鲜橙肉蓉 50 克，薄荷精 1 克，葡萄汁 50 毫升，果仁 50 克，葡萄干 20 克，刨冰 250 克，柠檬 1 片，红樱桃 1 粒。

【制　法】 取圆肚冰淇淋大口玻璃杯，先放刨冰，再放葡萄汁、鲜橙肉蓉，淋上薄荷精，挤上冰淇淋，撒上果仁粒、葡萄干，在杯口边放上柠檬片，点上红樱桃，即可食用。

【特　点】 此款以鲜艳的色彩为主，富有时髦青春感。

14. 夜王香

【原　料】 香草冰淇淋 100 克，橘子汁、葡萄汁各 50 毫升，杏仁 20 克，刨冰 250 克，葡萄糖浆 25 毫升，红樱桃 1 粒。

【制　法】 取玻璃盆一个，先把刨冰放入，再加入葡萄汁、橘子汁、糖浆后，挤上香草冰淇淋，再撒上杏仁、红樱桃粒即可饮用。

【特　点】 色泽鲜丽，分外芳香。

15. 海岸波涛

【原　料】 香草冰淇淋、绿菜汁各 100 克，白糖 50 克，冰粒 250 克，橘子冰冻、草莓冰冻、红果冰冻各 50 克。

【制　法】 取大冰淇淋玻璃杯一个，先把冰粒放入杯里，再加入绿菜汁，上面挤上香草冰淇淋，再把橘子冻、草莓冻、红果冻切成丁放冰淇淋上面，撒上白糖即可饮用。

【特　点】 艳丽的色泽，波涛的韵律，海风的滋润让人有清凉之感。

16. 庆丰收

【原　料】 红果冰冻 50 克，甜玉米粒、糖水豌豆各 50 克，巧克力雪糕球、香草雪糕球各 50 克，橘子汁 100 毫升，沙拉酱 50 克，薄荷精 1 克，冰粒 250 克，香橙 1 片，红樱桃 1 粒。

【制　法】 ①取玻璃盆一个，先放入冰粒，再加入橘子汁。②把红果冻切丁，玉米粒、豌豆、巧克力冰糕球、香草冰糕球等一起放一碗内，滴上薄荷精，放入沙拉酱搅拌均匀，放在冰粒上。③把香橙片放在盆口边上，点上红樱桃，即可饮用。

【特　点】 五颜六色，仿佛人们喜庆丰收的情景。

17. 玫瑰花

【原　料】 熟糖红豆 100 克，熟山药丁、熟莲子、桂花各 50 克，山楂丁冰冻 50 克，酸奶 100 毫升，菠萝汁 100 毫升，刨冰 250 克，鲜黄油 50 克。

【制　法】 ①取玻璃盆一个，先放刨冰、菠萝汁。 ②把熟红小豆、熟山药丁、熟莲子、红山楂冰冻丁一起放碗里，和酸奶、鲜黄油一起搅拌均匀，放在刨冰上，即可饮用。

【特　点】 红豆是我国的特产，有养颜、补血功能，又可增强体质。

18. 夏威夷风光

【原　料】 香蕉冰冻、草莓雪糕、橙子蓉、鲜樱桃、橙汁各 50 克，葡萄 20 克，香草冰淇淋 100 克，冰粒 250 克。

【制　法】 取玻璃盆一个，先把冰粒、橙汁、橙蓉加入，再放冰淇淋，把香蕉冰冻、草莓雪糕切成方丁，和樱桃、葡萄一起放冰淇淋上面，即可食用。

【特　点】 五彩缤纷，如夏威夷海滨热闹的景色。

19. 蓝色多瑙河

【原　料】 草莓冰糕、香草冰糕、红果冰糕各 50 克，刨冰 250 克，猕猴桃汁 100 毫升，葡萄汁 50 毫升，葡萄糖浆 25 毫升，柠檬 1 片，红樱桃 1 粒。

【制　法】 取玻璃盆一个，先把刨冰、猕猴桃、葡萄汁、葡萄糖浆放入，再把草莓冰糕、香草冰糕、红果冰糕切成长方条，放在刨冰上面，最后把柠檬片放盆口边上，点缀上红樱桃，即可饮用。

【特　点】 色泽鲜艳，冰糕仿佛在河里漂浮荡漾。

20. 一号宇宙飞船新地

【原　料】 雪糕(单球)180克,什锦水果碎粒1汤匙,鲜菠萝1片,红、绿色樱桃各1粒,椰仁丝少许,华夫饼干2块。

【制　法】 将圆形菠萝片放于椭圆形玻璃碟内,什锦水果碎粒撒在上面,雪糕球堆在水果碎粒上。然后用牙签串上红、绿两色樱桃,从顶部插在雪糕球内,华夫饼干放两旁,最后撒下椰丝点缀。

【特　点】 菠萝酸甜可口,碎果和椰仁丝开胃,佐以华夫饼干,实为冷食佳品。

21. 蜜瓜露新地

【原　料】 雪糕(单球)180克,蜜瓜(去皮、核后切成长条)1块,鲜奶油少许,红樱桃1粒,华夫饼干1块。

【制　法】 将蜜瓜置于玻璃碟中,上加雪糕球,浇上鲜奶油,以红色樱桃来点缀,华夫饼干置旁边。蜜瓜白色晶莹并加红色相配,使人清心悦目。

【特　点】 这种冷食有解热、润肺之功效,适于夏秋季食用。

22. 红玫瑰新地

【原　料】 椰子雪糕80克,草莓雪糕(分成四瓣)共80克,红樱桃(大颗粒)半粒,什锦碎果粒半汤匙,绿色果冻少许,华夫饼干1块。

【制　法】 将什锦水果碎粒撒在碟上,白色椰子雪糕置于果料上,红色草莓雪糕分四瓣围在四周,形成白芯红瓣的“红玫瑰”白蕊正中加半粒红樱桃,以上只占碟子四分之三,余下四分之一的周围,撒些绿色果冻。

【特　点】 这份新颖的“红玫瑰”,配上绿色的“叶子”显得很艳丽,华夫饼干置一旁。“红玫瑰”新地更适合作儿童餐后甜食。

23. 金鱼新地

【原　料】 草莓雪糕球(为金鱼身)160克,杂果粒2汤匙,绿色果子冻4片,红樱桃(切圆片)8片,黑色葡萄干2粒,糖水桃2片。

【制　法】 ①将碎杂果粒撒入船形(长圆尖头)玻璃碟中,雪糕球放在上边。　②用两片红樱桃为鱼眼,嵌入黑葡萄干为瞳仁。另一片樱桃切两半呈半月形,放在雪糕球前部上下方,装饰成鱼口。　③用两片桃放在雪糕球后部,其上放红樱桃片,制成撒开金鱼尾。　④绿色果子冻放在雪糕四周,装饰成水纹状。

【特　点】 金鱼造型新颖、活泼可爱,此款新地适合作儿童的甜食。

24. 巴黎春色新地

【原　料】 香草雪糕球、草莓雪糕球各100克,菠萝蓉2汤匙,草莓(切碎)、核桃肉(原粒)各4枚,绿樱桃2粒,华夫饼干1块。

【制　法】 将雪糕球并列杯(碟)中,菠萝蓉和切碎的草莓加少许糖浆拌匀,铺在雪糕球上,核桃肉贴铺两边,淋上搅拌好的鲜奶油,顶部用绿樱桃点缀,华夫饼干放旁边。

【特　点】 色泽秀丽,味美可口,宛如巴黎春色引人入胜。

25. 仙女散花

【原　料】 草莓冰冻、红果冰冻、橘子冰冻、巧克力冰冻、香草冰冻各50克,薄荷酒50毫升,桃汁100毫升,刨冰250克。

【制　法】 取玻璃圆深卷边盘一个,先把刨冰放入,再加入桃汁。把草莓冻丁、红果冻丁、橘子冻丁、巧克力冻丁、香草冻丁一起放在刨冰上,淋上薄荷酒,即可食用。

【特　点】 五颜六色，鲜艳夺目，如仙女散花。

26. 雪丽海伦

【原　料】 雪梨、芒果、猕猴桃、香草雪糕球、巧克力雪糕球各50克，草莓雪糕球、白兰地各20克，菠萝汁100克，冰块10块。

【制　法】 取高脚啤酒杯一个，先放冰块，再加入菠萝汁、白兰地，把雪梨、芒果、猕猴桃洗净，去皮，核切成丁，放在冰块上，再把草莓球、香草球、巧克力球放水果上面，即可食用。

【特　点】 色彩鲜艳，清甜，有润肺、清热的疗效。

27. 雪地风光

【原　料】 奶香冰淇淋200克，椰汁100毫升，薄荷酒50毫升，白兰地20毫升，香瓜丁50克，刨冰250克，椰蓉50克，柠檬1片，红樱桃1粒。

【制　法】 取高脚啤酒高杯一个，先把刨冰放入，再加入椰汁，上面挤上冰淇淋，香瓜丁，淋上薄荷酒、白兰地，撒上椰蓉，再把柠檬片放杯口边上，点缀上红樱桃，即可饮用。

【特　点】 此款雪白皎洁，清凉香甜，美不胜收。

28. 大地回春

【原　料】 草莓雪糕球、香草雪糕球、红果雪糕球、巧克力雪糕球、橘子雪糕球各50克，酸奶100毫升，橙汁、核桃仁粒各50克，冰粒250克，薄荷酒20毫升。

【制　法】 取高脚啤酒杯一个，先将冰粒放入，加上橙汁、酸奶，再放上五种雪糕球，淋上薄荷酒，撒上核桃仁粒，即可饮用。

【特　点】 核桃仁香脆可口，具有独特风味，有丰满富足感。

29. 薄荷巧克力新地

【原　料】 巧克力汁30毫升,香蕉半根,牛奶100毫升,白薄荷10克,杏仁香精2～3滴,香草冰淇淋1个,碎冰100克,薄荷叶1片。

【制　法】 将巧克力汁、香蕉、牛奶、白薄荷、杏仁香精、碎冰放入搅拌容器内充分拌和,然后倒入玻璃杯中,添入冰淇淋作漂浮物,用薄荷叶作饮料的装饰,也可用芹菜代替薄荷叶,用香草香精代替杏仁香精。

【特　点】 浓郁的巧克力汁伴着薄荷的清香,更为清凉适口。

(二)巴菲冷饮

小贴士:"巴菲"这道清爽醇美的甜品,来自法语Parfait的音译,Parfait作形容词就是完美的意思,也就是英文中的perfect。单单从这个名字,就可以想象它是多么的美味了。

巴菲是由冰淇淋或雪糕加鲜果和打过的奶油组成的冻糕。家庭自制巴菲时可按需要在前述的冰淇淋和雪糕制法中选择冰淇淋和雪糕。

1. 华多夫巴菲

【原　料】 咖啡糖浆14毫升,巧克力雪糕80克,鲜苹果(去皮、核切成4块)取1块,两色(香草、草莓)雪糕球80克,鲜奶油少许,红樱桃1粒,威化饼干1块。

【制　法】 将咖啡糖浆放入高脚直筒"巴菲"玻璃杯中,取四分之一的苹果块,切成碎粒,撒在糖浆上,放上两层雪糕球,倒入搅拌后的鲜奶油,顶部用红樱桃点缀,威化饼干插杯旁。以长柄不锈钢勺取食。

【特　点】 此款巴菲是老名牌冷饮，微带咖啡苦味，适合成人饮用。

【说　明】 咖啡糖浆制法：用开水浇注 55 克咖啡，浸泡 10～15 分钟，用不大于 1～1.2 毫米的筛过滤的咖啡抽提液。在抽提液中加入 650 克砂糖，煮沸 5 分钟即可。

2. 开心果巴菲

【原　料】 樱桃甜酒或草莓糖浆 28 毫升，开心果雪糕球 80 克，鲜橙肉（切粒）半个，五色（巧克力、草莓、椰子、菠萝、芒果）雪糕球 100 克，杂果粒 1 汤匙，鲜奶油少许，红樱桃 1 粒，开心果肉（原粒）8 粒，威化饼干（三角形）1 块。

【制　法】 将樱桃酒（或草莓糖浆）注入高脚直筒“巴菲”玻璃杯，然后按上列原料排列次序逐层加上，最后放搅打过的鲜奶油，顶部用红樱桃点缀，开心果肉撒在鲜奶油上，三角形威化饼干插在旁边。

【特　点】 色泽艳丽，多种水果，地道的美国风味。配好后，用长柄不锈钢勺取食。

【说　明】 草莓糖浆制法：500 克草莓去蒂后，用冷水洗净，压榨后过滤，用 600 克糖饱和果浆，加 600 毫升水，煮沸 3～5 分钟即可。

3. 窈窕淑女巴菲

【原　料】 薄荷酒（或薄荷糖浆）14 毫升，香草雪糕球 8 克，鲜草莓 2 个，芒果雪糕球 100 克，杂果粒 1 汤匙，鲜奶油少许，红樱桃 1 粒，威化饼干（三角形）1 块。

【制　法】 将薄荷酒（或薄荷糖浆）注入高脚直筒“巴菲”玻璃杯底，然后按上列原料排列次序逐层加上，最后放搅打过的鲜奶

油，顶部用红樱桃点缀，威化饼干插在杯边。

【特　点】 七彩缤纷，鲜艳夺目，薄荷清凉，果味鲜美，是炎炎夏日最适宜的冷食。

4. 夏威夷巴菲

【原　料】 红色果子冻(切粒)1 汤匙，香草雪糕球 80 克，菠萝蓉 1 汤匙，芒果雪糕球 100 克，圆菠萝片(切开成半月形)1 块，鲜奶油少许，绿樱桃 1 粒，威化饼干 1 块。

【制　法】 将红果冻粒放高脚直筒“巴菲”玻璃杯中，然后按上列次序逐层加上，菠萝片放雪糕旁，上加搅打过的鲜奶油，顶部用绿樱桃点缀，威化饼干插杯旁。

【特　点】 具有红、白、黄、绿艳丽的色泽，菠萝的清香，雪糕的甜润，营养丰富。调好后用长柄不锈钢勺取食。

5. 丰年巴菲

【原　料】 咖啡糖浆 14 毫升，巧克力雪糕球 80 克，草莓果酱 2 汤匙，香草雪糕球 100 克，桃(1 块分两半成半月形)1 块，鲜奶油少许，红樱桃 1 粒，威化饼干 1 块。

【制　法】 将咖啡糖浆倒入高脚直筒“巴菲”玻璃杯底，然后按上列次序逐层加上，桃摆在雪糕球两旁，搅打过的鲜奶油淋在中间成一字形，顶部用红樱桃点缀，威化饼干插在杯旁。调制好后用长柄不锈钢勺取食。

【特　点】 绮丽的造型，食用时倍感高尚典雅。

6. 彩虹巴菲

【原　料】 石榴汁糖浆 14 毫升，香草雪糕球 80 克，青色果子冻(切粒)1 汤匙，三色(草莓、芒果、巧克力)雪糕球 100 克，菠萝蓉 1 汤匙，鲜奶油少许，红樱桃 1 粒，威化饼干 1 块。

【制　法】 先将糖浆倒入高脚直筒“巴菲”玻璃杯中，然后按上列次序逐层加入，加入搅打过的鲜奶油，顶部用红樱桃点缀，威化饼干插杯旁。调好后用长柄不锈钢勺取食。

【特　点】 色泽瑰丽，味甜美。

【说　明】 石榴汁糖浆制法同上草莓糖浆制法。

7. 黑王子巴菲

【原　料】 巧克力雪糕 160 克，巧克力汁 1 汤匙，巧克力糖(切碎)少许，鲜奶油少许，红樱桃 1 粒，核桃仁(切碎)1 匙，华夫饼干 1 块。

【制　法】 将雪糕置于广口高脚玻璃杯中，巧克力汁浇在上面，加入搅打过的鲜奶油，正中用樱桃点缀。然后在四周撒上巧克力碎糖和核桃仁碎粒，佐以华夫饼干。

【特　点】 具有非洲风味，巧克力色浓甘甜，核桃仁香脆可口，雪糕芳香味美，是色、香、味俱全的一款冷食，别具一格。

8. 荷兰宝石巴菲

【原　料】 香草雪糕球 180 克，草莓果冻(切碎)1 汤匙，白色巧克力糖浆 1 勺，白色巧克力糖(切片)少许，鲜奶油少许，红樱桃 1 粒，华夫饼干 1 块。

【制　法】 将雪糕球放广口高脚玻璃杯中，草莓果冻放在雪糕周围，浇上搅拌后的鲜奶油，红樱桃点缀于正中顶上，最后撒上巧克力糖片。

【特　点】 颇似一颗硕大的“宝石”，色泽鲜明，味道香甜，巧克力热量高，营养丰富。

【说　明】 白色巧克力糖浆：将 110 克可可粉与 525 克砂糖混合，加热水，仔细搅拌。混合物煮沸。将 0.5 克香兰精溶于 10 毫升沸水中，制成香草香精，再放入可可糖浆中。

9. 鲜草莓巴菲

【原　料】 香草雪糕球180克,鲜草莓(切开成翼状)4个,草莓糖浆2汤匙,鲜奶油少许,红樱桃1粒,华夫饼干1块。

【制　法】 将雪糕球放置广口高脚玻璃杯中,将鲜草莓及草莓糖浆注在雪糕周围,浇淋上搅拌后的鲜奶油,顶端用红樱桃来点缀,华夫饼干放旁边配食。

【特　点】 色泽鲜艳,味道香甜,营养丰富,适宜在四五月份作餐后甜食。

【说　明】 草莓糖浆制法见上述开心果巴菲。

10. 鸟结巴菲

【原　料】 两色雪糕球(香草、草莓)各80克,咸脆花生米(去皮剁碎)20粒,鲜奶油少许,红樱桃1粒,华夫饼干1块。

【制　法】 将两色雪糕球放置广口高脚玻璃杯中,加搅拌后鲜奶油,碎花生撒在表面,红樱桃在上面点缀,华夫饼干放旁边作配食。

【特　点】 两色雪糕在高脚杯中形似鸟结,故称为鸟结巴菲。

11. 鲜柠檬巴菲

【原　料】 草莓雪糕球160克,鲜柠檬(去皮取肉切成角状)1块,白砂糖2汤匙,鲜奶油少许,绿色樱桃1粒,华夫饼干1个。

【制　法】 将雪糕球放在玻璃杯内,把鲜柠檬肉与砂糖拌匀,放在杯边,把搅拌后的鲜奶油浇在上面,顶部用绿樱桃点缀,华夫饼干放旁边。

【特　点】 酸中带甜,食后口齿留香,风味别具一格,为开胃饮品,是女士们喜爱的一款冷食。

12. 鲜橙巴菲

【原　料】 香草雪糕球 160 克，鲜橙子(去皮取肉处成颗粒状)1 个，鲜奶油少量，红樱桃 1 粒，华夫饼干 1 块。

【制　法】 将雪糕放在广口玻璃杯内，用橙肉围在雪糕周围，加上搅拌好的鲜奶油，顶部用红樱桃点缀，华夫饼干放在旁边。

【特　点】 含丰富的维生素 C 和葡萄糖，夏日食之，能健胃、生津止渴，助消化，是儿童喜爱的冷食。

13. 黑白辉映巴菲

【原　料】 两色雪糕球(巧克力、香草)各 80 克，巧克力汁 1 汤匙，鲜奶油少许，红樱桃 1 粒，华夫饼干 1 块。

【制　法】 将雪糕放广口玻璃杯中，巧克力汁淋在雪糕上，加搅拌后的鲜奶油，顶部用红樱桃点缀，华夫饼干放旁边。

【特　点】 巧克力营养丰富，味道浓郁，常食可增强体质。

14. 巧克力核桃巴菲

【原　料】 香草雪糕球 160 克，巧克力汁 1 汤匙，核桃肉(原粒)6 颗，鲜奶油少许，红樱桃 1 粒，华夫饼干 1 块。

【制　法】 将雪糕球放在广口玻璃杯中，将核桃肉贴嵌在雪糕球四周，浇淋上巧克力汁并加搅拌后的鲜奶油，以红樱桃点缀之，华夫饼干放在旁边。

【特　点】 核桃肉香脆可口，富含蛋白质、脂肪。巧克力加上香草雪糕组合成独特的风味，常食能滋补身体，提神健脑。此冷食也可在正餐后食用。

15. 武夷山林巴菲

【原　料】 四色雪糕球(草莓、椰子、芒果、巧克力)各 40 克，

绿色果冻1汤匙，菠萝（去皮取肉切成片状）1片，葡萄干（切碎）适量，红樱桃1粒，华夫饼干1块。

【制　法】 先将菠萝片置广口玻璃杯底，雪糕球堆在上面，然后用绿色果冻围边，加搅拌后的鲜奶油，顶部用红樱桃点缀，最后撒上切碎的葡萄干。华夫饼干放在旁边。

【特　点】 四色雪糕球像起伏的山脉，绿色的果冻宛如郁郁葱葱的山林。四色相间，颇具特色，很受青年人喜爱。

16. 黄梅巴菲

【原　料】 香草雪糕球160克，黄梅（杏）子（切成两半去核）6块，鲜奶油少许，红樱桃1粒，华夫饼干1块。

【制　法】 将雪糕球放广口玻璃杯中，后用黄梅子配在四周，加搅拌后的鲜奶油，顶部用红樱桃点缀，华夫饼干放一旁。

【特　点】 黄梅色泽金黄，雪糕洁白，加之红樱桃相配，色泽艳丽，味道甘甜，作餐后甜食，可助消化。

17. 桂圆巴菲

【原　料】 芒果雪糕球160克，桂圆（龙眼）肉10枚，鲜奶油少许，红樱桃1粒，华夫饼干1块。

【制　法】 将雪糕球放广口玻璃杯中，以桂圆肉环绕，加上搅拌后的鲜奶油，顶部用红樱桃点缀，华夫饼干放一旁。用鲜桂圆时，去壳去核，取出果肉在糖浆中浸渍片刻，可代替罐头龙眼。

【特　点】 桂圆为滋补佳品，开胃益脾，配上芒果雪糕味更美，是新颖冷食，为中外人士所乐道。

18. 荔枝巴菲

【原　料】 香橙雪糕160克，荔枝肉（罐装或鲜品）6枚，鲜奶油少许，红樱桃1粒，华夫饼干1块。

【制　法】 雪糕球放广口玻璃杯中，以荔枝肉环绕，并加搅拌后的鲜奶油，顶部用红樱桃点缀，华夫饼干放一边。用鲜荔枝时，去核去壳，取果肉浸渍在糖浆中片刻，代替罐头荔枝。

【特　点】 荔枝肉白晶莹，味美清甜，配合香橙雪糕制成巴菲，用于餐后甜食。

19. 夏威夷巴菲

【原　料】 两色（草莓、香草）雪糕球各 80 克，菠萝蓉 2 汤匙，鲜奶油少许，绿色樱桃 1 粒，华夫饼干 1 块。

【制　法】 将雪糕球放入广口玻璃杯中，用菠萝蓉围在四周，搅拌后的鲜奶油浇在雪糕球上，加绿色樱桃点缀，华夫饼干放一旁。

【特　点】 分红、黄、白、绿四色，色泽瑰丽，菠萝味香且甜，入口馥郁，是消夏冷食中的佳品，并有夏威夷风味。

20. 金桃美宝巴菲

【原　料】 香草雪糕球 160 克，鲜桃或糖水桃罐头 4 块（两个），草莓酱 1 茶匙，鲜奶油少许，红樱桃 1 粒，华夫饼干 1 块。

【制　法】 将雪糕放入广口玻璃杯中的鲜桃上，加草莓酱和搅拌后的鲜奶油，顶部用红樱桃点缀，华夫饼干放旁边。

【特　点】 香草雪球在红色浓汁中，宛如深藏的宝玉故为此名。

21. 橘子巴菲

【原　料】 香橙雪糕球 160 克，橘子 16 瓣，鲜奶油少许，绿樱桃 1 粒，华夫饼干 1 块。

【制　法】 将雪糕球放入广口玻璃杯中，把橘子瓣（最好用橙皮果酱拌匀）围在四周，加鲜奶油，顶部用绿樱桃点缀，华夫饼干放旁边。

【特　点】 橘子清甜可口，香味浓郁，富含维生素 C，配合香橙雪糕球，味道更清新，是颇受人们喜爱的新品种冷食。

22. 菠萝巴菲

【原　料】 香草雪糕球 160 克，菠萝（切角形）16 角，鲜奶油少许，红色樱桃 1 粒，华夫饼干 1 块。

【制　法】 将雪糕球放入广口玻璃杯中，用菠萝“角”码边，砌成圆形，加搅打过的鲜奶油在雪糕上，顶部用红樱桃点缀，华夫饼干放旁边。

【特　点】 款式新颖，色泽鲜艳，芳香可口，食之健胃生津，助消化。

23. 美国少女巴菲

【原　料】 香草雪糕球（两个）各 100 克，鲜橙肉（切碎）2 个，葡萄汁 50 毫升，核桃肉 2 个，鲜奶油少许，红樱桃 2 粒，华夫饼干 1 块。

【制　法】 将雪糕球放椭圆玻璃碟中，鲜橙肉用少许糖浆拌匀，围在雪糕四围，淋上搅拌后的鲜奶油，顶部加红樱桃点缀，葡萄汁洒在鲜橙肉上，核桃肉撒在表层，华夫饼干放旁边。

【特　点】 巴菲以紫色调为主，富有诗情画意，为纯粹美国风味。

24. 苹果园巴菲

【原　料】 两色（草莓、香草）雪糕球各 100 克，鲜苹果（去皮、心，切片）1 个，菠萝糖浆少许，鲜奶油少许，红樱桃 2 粒，华夫饼干 1 块。

【制　法】 将雪糕球放椭圆玻璃碟中，苹果片浸入糖浆中拌匀，放雪糕四周，加上搅打过的鲜奶油，顶部用红樱桃点缀，华夫饼干放旁边。

【特　点】 鲜苹果味美可口，富含维生素 C，有助消化，促健康，配合甜润雪糕，分外芳香。

25. 雪地春光巴菲

【原　料】 椰子雪糕球 100 克，椰子蓉少许，杂果粒若干，红樱桃 2 粒，鲜奶油少许，华夫饼干 1 块。

【制　法】 将雪糕放椭圆玻璃碟中，以杂果码边，搅打过的鲜奶油淋在表面，顶部加红樱桃点缀，椰子蓉撒在鲜奶油表面如雪花片，华夫饼干放旁边。

【特　点】 雪白皎洁，入口香甜，美不胜收。

26. 彩色珊瑚巴菲

【原　料】 三色(芒果、巧克力、香草)雪糕球各 100 克，香瓜(去皮，切成条)4 条，杂果粒 2 汤匙，鲜奶油少许，红樱桃 2 粒，华夫饼干 1 块。

【制　法】 将雪糕球放椭圆玻璃碟中，香瓜条横放在雪糕球中间，上加搅打过的鲜奶油，并用红樱桃点缀，华夫饼干放旁边。

【特　点】 珊瑚色泽，秀丽动人，香瓜香甜嫩滑，夏季食用，更为惬意。

27. 巴黎之花巴菲

【原　料】 草莓雪糕球、香草雪糕球各 80 克，橙皮果酱 20 克，糖浆少许，蛋筒 1 个，圆形菠萝片(切成半圆形)1 块，杂果粒 1 汤匙，绿色果冻 1 汤匙，绿樱桃 2 粒，鲜奶油少许，华夫饼干 1 块。

【制　法】 将雪糕球放椭圆玻璃碟中，蛋筒倒置在中间(尖端在上)，菠萝片放两旁。然后把果冻和杂果粒拌匀，放在菠萝片上，随后把果酱和糖浆调开淋在雪糕上，加搅打过的鲜奶油，顶部以绿

樱桃点缀，华夫饼干放旁边。

【特　点】 以倒置蛋筒象征巴黎的埃菲尔铁塔，耸立在开满鲜花的园林中为名，深受人们喜爱。

28. 黑天鹅巴菲

【原　料】 巧克力雪糕球、香草雪糕球各 80 克，巧克力糖浆 20 毫升，鲜草莓（每个切成两瓣）4 个，核桃肉（原粒）10 个，鲜奶油少许，红樱桃 2 粒，华夫饼干 1 块。

【制　法】 将雪糕球放在椭圆玻璃碟中，巧克力糖浆浇在雪糕球上，核桃肉贴放在雪糕球四周，鲜草莓排成外围圈。加搅打过的鲜奶油，顶部用红樱桃点缀，华夫饼干放旁边。

【特　点】 味浓甘甜，润滑爽口，为四季冷食中之佳品。

【说　明】 巧克力糖浆按上述做法。

29. 菠萝船

【原　料】 草莓雪糕球、香草雪糕球各 80 克，菠萝蓉 2 匙，圆形菠萝片（切成两半）1 块，鲜奶油少许，红樱桃 2 粒，华夫饼干 1 块。

【制　法】 将雪糕放在椭圆玻璃碟中，菠萝片放两侧，加菠萝蓉环绕，加搅打过的鲜奶油，顶部用红樱桃点缀，华夫饼干竖插在两个雪糕球中间。

【特　点】 色泽鲜艳，菠萝香味浓郁，是儿童理想的餐后甜食。

30. 罗曼斯巴菲

【原　料】 两色（草莓、椰子）雪糕球、两味（薄荷、巧克力）雪糕球各 80 克，杂果粒 2 汤匙，薄荷酒或薄荷糖浆 5 克，鲜奶油少许，红樱桃 2 粒，华夫饼干 1 块。

【制　法】 将雪糕放椭圆玻璃碟中，杂果粒撒在四围，加上搅打过的鲜奶油，顶部用红樱桃点缀，最后将薄荷酒或薄荷糖浆浇淋在表层，华夫饼干放旁边。

【特　点】薄荷芬芳，果子甜蜜，雪糕膨松可口，色泽翠绿艳丽，夏日进食去暑散热，心旷神怡。

31. 南国之雾

【原　料】 两色（芒果、椰子）雪糕球 160 克，桃 2 块，杂果粒 1 汤匙，碎椰丝 2 汤匙，鲜奶油少许，华夫饼干 1 块。

【制　法】 将雪糕球放长形玻璃碟中，桃每块分切成两瓣放在碟的两端。杂果粒放在两个雪糕球之间，浇淋搅打过的鲜奶油，果粒、雪糕和两端桃块的色泽要显露出来，碎椰丝撒在表层，华夫饼干放旁边。

【特　点】 新颖雅致，色泽明快鲜艳，碎椰丝漫如雾霭，是色香味俱佳的餐后冷食。

32. 香港之夜

【原　料】 草莓雪糕球、椰子雪糕球各 100 克，香蕉（去皮切片）半根，菠萝汁少许，杂果粒 1 汤匙，碎核桃仁 1 汤匙，鲜橙肉 1 个，鲜奶油少许，绿、红樱桃各 1 粒，华夫饼干 1 块。

【制　法】 将雪糕放椭圆玻璃碟中，香蕉片先浸入菠萝汁中，片刻取出放两端，杂果粒和鲜橙肉拌匀放雪糕两侧，面层加搅打过的鲜奶油，顶部用绿、红樱桃点缀，最后撒核桃仁，华夫饼干放旁边。

【特　点】 色泽瑰丽，如香港夜景，别具一格，夏日食之倍添情趣。

33. 红珊瑚巴菲

【原　料】 香草雪糕球、草莓雪糕球各 100 克，炸花生米 1 汤

匙，鲜桃（去皮核切片）4 片，草莓果酱、鲜奶油各少许，红樱桃 2 粒，华夫饼干 1 块。

【制　法】 将雪糕球放椭圆玻璃碟中，桃片围之，草莓果酱调糖浆后搅拌成汁，淋在桃片上，加搅打过的鲜奶油，顶部用红樱桃点缀，碎花生米撒在整个表层，华夫饼干放旁边。

【特　点】 宛如美丽的红珊瑚，晶莹剔透。上班族多吃些坚果，有很好的补肾健脑、强心健体的作用。

34. 白雪公主

【原　料】 香草雪糕球 160 克，香草雪糕球 80 克，杂果粒 2 汤匙，鲜奶油少许，红樱桃（大粒）半个，葡萄干 2 粒，碎椰仁丝 1 汤匙，鸡蛋筒 1 个，绿果子冻（切成圆片）2 块。

【制　法】 ①将杂果粒遍撒长方形大号玻璃碟中，浇上鲜奶油，装饰成“白雪皑皑”的雪地。　②用大号勺将 160 毫升的雪糕球放在碟中央，用较小的雪糕勺取 80 毫升的雪糕球叠放在大雪糕球的上部，装饰成头部与上身。　③绿果冻片贴在“身上”作衣服的纽扣，上下各 1 片。切成半月形的红樱桃，贴在小雪糕球下部占五分之一处作嘴，葡萄干 2 粒贴在五分之四的高处作眼睛，再用鸡蛋筒作帽子，便成活泼可爱的“白雪公主”。

【特　点】 此款是青少年节日冷食中的佳品。

35. 雪丽海伦

【原　料】 草莓雪糕球、香草雪糕球各 100 克，雪梨（去皮核）半个，巧克力糖浆 2 汤匙，鲜奶油少许，红樱桃 2 粒，华夫饼干 1 块。

【制　法】 将雪糕球、雪梨放在椭圆玻璃碟中，淋上巧克力糖浆，加鲜奶油在雪糕上，顶部用红樱桃点缀，华夫饼干放旁边。

【特　点】 雪梨清甜润肺，配以巧克力糖浆味更浓郁。

【说　明】 巧克力糖浆制法同上草莓糖浆制法。

36. 樱桃番茄巴菲

【原　料】 两色(芒果、草莓)雪糕球各100克,樱桃及番茄(切开边)各2块,香草糖浆适量,鲜奶油少许,红樱桃2粒,华夫饼干1块。

【制　法】 将雪糕球放玻璃碟中,然后将樱桃及番茄拌糖浆,排在雪糕球四周,鲜奶油淋其上,顶部加红樱桃点缀,华夫饼干插在旁边。

【特　点】 分红、黄、橙、白、青五色,非常悦目,果香味鲜,甜美可口。

【说　明】 香草糖浆制法同上。

37. 红豆巴菲

【原　料】 草莓果子冻(切粒)1汤匙,香橙雪糕球80克,红豆(煮烂)2汤匙,香草雪糕球100克,鲜奶油少许,红樱桃1粒,威化饼干1块。

【制　法】 将草莓果冻粒放入高脚直筒"巴菲"玻璃杯底,然后按上列原料次序逐层加上,顶部用红樱桃点缀,威化饼干插在杯边。

【特　点】 红豆为我国江南特产,有补血养容之功用,果冻爽滑香甜,与雪糕配制成新款冷食。

38. 萝卜拌

【原　料】 绿薄荷20克,冰200克,可可10克,渍胡萝卜15克,奶油20克。

【制　法】 先将胡萝卜腌渍1个晚上,然后切成宽厚的长条,把其余4项原料放入搅拌容器内充分搅拌,然后倒入玻璃杯中,将

切成长条的胡萝卜作装饰。

【特　点】 这种饮料色彩很美，风味独特。

(三)奶昔类冷食

小贴士：奶昔的英文是"Milkshake"，最早产生于欧洲。用冰淇淋和鲜奶加以搅拌，产生了丰富的泡沫后，再放入玻璃杯中的冷冻饮品。主要用不同口味的冰淇淋来调节奶昔的风味，也可用新鲜的水果和奶浆搅拌制作。家庭制作时的冰淇淋可在前述冰淇淋制作中选用。

1. 可口可乐奶昔

【原　料】 可口可乐 250 毫升，鲜牛奶 100 毫升，巧克力雪球 50 克，葡萄糖浆 25 毫升，冰粒 100 克，香草粉 1 克。

【制　法】 先把可乐、鲜牛奶、葡萄糖浆、香草粉、冰粒放搅拌机里进行搅拌，出现泡沫为适宜，倒入杯内放入吸管，即可饮用。

【特　点】 含有丰富的营养，防暑降温。

【说　明】 葡萄糖浆制法：500 克葡萄去皮、核，打碎，用 600 克砂糖饱和果浆，加水煮沸 3～5 分钟即可。

2. 蛋白香桃奶昔

【原　料】 鸡蛋清 5 个，香桃 200 克，香草糖浆 50 毫升，白兰地 25 毫升，冰粒 150 克，鲜牛奶 100 毫升。

【制　法】 先把鸡蛋清、香桃肉、香草糖浆、白兰地、牛奶、冰粒放搅拌机里进行搅拌，出现泡沫状适宜，倒入杯内放入吸管，即可饮用。

【特　点】 含有高蛋白、维生素，可增强体质。

【说　明】 香草糖浆按照前述方法制作。

3. 巧克力鲜奶奶昔

【原　料】 巧克力冰淇淋200克，鲜牛奶100毫升，香草糖浆50毫升，葡萄汁50毫升，冰粒150克。

【制　法】 先把巧克力冰淇淋、鲜牛奶、香草糖浆、葡萄汁、冰粒放搅拌机里进行搅拌，出现泡沫状为适宜，倒入杯内放入吸管，即可饮用。

【特　点】 味道香甜，口感滑润，色泽怡人。

【说　明】 香草糖浆按照前述方法制作。

4. 菠萝奶昔(一)

【原　料】 菠萝蓉、菠萝汁、鲜奶各100毫升，香草雪球50克，葡萄糖浆50毫升，冰粒150克。

【制　法】 先把菠萝蓉、菠萝汁、鲜奶、葡萄糖浆、冰粒放入搅拌机里进行搅拌，出现泡沫状为适宜，再放香草雪球，倒入杯里放入吸管，即可饮用。

【特　点】 清香爽口，口感滑润，味道鲜美。

【说　明】 葡萄糖浆按照前述方法制作。

5. 草莓味奶昔

【原　料】 鲜草莓200克，草莓酱50克，鲜奶100毫升，草莓雪球50克，冰粒150克，葡萄糖浆50毫升，薄荷酒25毫升。

【制　法】 先把草莓洗净去蒂切碎放搅拌机里，再加入草莓酱、鲜奶、冰粒、葡萄糖浆、薄荷酒进行搅拌，出现泡沫状为适宜，放上草莓雪球倒入杯里，放入吸管即可饮用。

【特　点】 色泽鲜艳，味道怡人。

【说　明】 葡萄糖浆按照前述方法制作。

6. 奶香樱桃奶昔

【原　料】 鲜奶150毫升，鲜蛋黄5个，黄油20克，樱桃50克，香草雪糕球50克，香草糖浆25毫升，冰粒150克，白兰地20毫升，雪碧100毫升。

【制　法】 先把鲜奶、蛋黄、黄油（化开）、香草糖浆、冰粒、白兰地、雪碧放搅拌机里进行搅拌，出现泡沫状为宜，放上香草雪糕球，倒入杯内放上吸管，即可饮用。

【特　点】 口感清凉香甜，饮后倍感提神。

【说　明】 香草糖浆按照前述方法制作。

7. 杏仁味奶昔

【原　料】 杏仁露150毫升，鲜牛奶100毫升，杏仁粉50克，杏仁精1克，薄荷酒50毫升，冰粒150克，杏仁雪糕球50克，葡萄糖浆50毫升。

【制　法】 先把杏仁露、鲜牛奶、杏仁精、杏仁粉、薄荷酒、冰粒、葡萄糖浆放入搅拌机里搅拌，出现泡沫状为宜，再放上杏仁雪糕球，倒入杯里，放上吸管，即可饮用。

【特　点】 入口清凉爽美，口感香浓怡人。

8. 葡萄味奶昔

【原　料】 葡萄蓉150克，葡萄汁150毫升，红甜葡萄酒50毫升，葡萄糖浆50毫升，葡萄冰淇淋100克，冰粒150克，雪碧50毫升。

【制　法】 先把葡萄蓉、葡萄汁、红葡萄酒、葡萄糖浆、雪碧、冰粒一起放搅拌机里搅拌，出现泡沫状为宜，放入葡萄冰淇淋倒放杯里，放入吸管即可饮用。

【特　点】 味道香浓，色泽鲜美，营养丰富。

【说　明】 葡萄糖浆按照前述方法制作。

9. 番茄味奶昔

【原　料】 番茄蓉150克，鲜牛奶150毫升，黄油50克，柠檬汁50毫升，葡萄糖浆50毫升，冰粒150克，苏打水50毫升，维生素C 1片。

【制　法】 先将番茄蓉、鲜奶、黄油(化开)、柠檬汁、葡萄糖浆、冰粒、苏打水、维生素C(化开)放搅拌机里搅拌，出现泡沫状为宜，倒入杯里放入吸管，即可食用。

【特　点】 营养丰富，含高蛋白、维生素，老少适应，可保持身体健壮。

【说　明】 葡萄糖浆按照前述方法制作。

10. 香芋奶昔

【原　料】 香芋蓉200克，鲜牛奶100毫升，黄油50克，葡萄糖浆50毫升，薄荷酒25毫升，苏打水50毫升，香芋雪糕球50克，冰粒150克，香草粉10克。

【制　法】 先把香芋蓉、鲜奶、黄油(化开)、葡萄糖浆、香草粉、薄荷酒、苏打水放搅拌机里搅拌，出现泡沫时，放入香芋冰糕球，倒入杯里放上吸管，即可食用。

【特　点】 味道清香，口感滑润，营养丰富。

【说　明】 葡萄糖浆按照前述方法制作。

11. 蛋诺奶昔

【原　料】 鲜鸡蛋(去壳用蛋白)1个，香草糖浆14毫升，香草雪糕球80克，鲜牛奶150毫升，碎冰块适量，豆蔻粉少许。

【制　法】 先将蛋白、糖浆、雪糕、鲜牛奶等材料放入搅拌器内，加入一些碎冰块，搅打至冰冻出现泡沫为宜，然后过滤入350

毫升直筒玻璃杯，最后撒下少许豆蔻粉在奶昔表层，以增添香味，插入饮管两支供饮用。

【特　点】“蛋诺”含有丰富的营养，有滋补身体，滋润皮肤之功效。

12. 荔枝奶昔

【原　料】鲜牛奶 120 毫升，荔枝汁 80 毫升，白色糖浆 14 毫升，香草雪糕球 80 克，碎冰块适量。

【制　法】将碎冰块放入搅拌器内，加上原料，搅打至冰冻出现泡沫时为宜，然后过滤倒入直筒玻璃杯中，插入饮管两支供饮用。

【特　点】味道清香，入口润滑，色泽晶莹，如另加入三个鲜荔枝肉同时配制，更加鲜甜味美，具有浓郁的华南地区风味。

13. 橙皮酒奶昔

【原　料】鲜牛奶 160 毫升，橙皮酒 14 毫升，香草雪糕球 80 克，碎冰块少许，鲜橙皮 1 片。

【制　法】将鲜橙皮的白色切去，取用橙表皮切成细粒，放入搅拌器内，加入上列材料，搅打至冰冻出现泡沫时为宜，然后滤入直筒玻璃杯中，插入饮管两支供饮用。

【特　点】橙皮色泽艳丽，其细粒在口中咀嚼，味道特别芳香馥郁。

14. 柠檬奶昔

【原　料】鲜牛奶 160 毫升，香草雪糕球 80 克，柠檬糖浆 14 毫升，柠檬皮 1 片，碎冰块少许。

【制　法】将柠檬皮切碎，放入搅拌器中，加入上列材料，搅打至冰冻出现泡沫时为宜，然后过滤倒入直筒玻璃杯中。插入饮管两支供饮用。

【特　点】 芳香味美,加入柠檬皮细粒,其味甜美,齿颊留香,是少女们喜爱的饮料。

15. 鲜蛋奶昔

【原　料】 鲜牛奶 160 毫升,鲜鸡蛋(去壳)1 个,香草糖浆 14 毫升,香草雪糕 80 克,碎冰块适量。

【制　法】 将碎冰块放入搅拌器中,加入上列材料,搅打至冰冻出现泡沫时为宜,然后过滤倒入直筒玻璃杯中,插入饮管两支供饮用。

【特　点】 色泽鲜艳,滋养润肤,香滑可口,饮后精力充沛,常饮有益。

16. 香橙奶昔

【原　料】 鲜牛奶 100 毫升,香橙雪糕球 100 克,橙子糖浆 30 毫升,鲜橙汁 30 毫升,碎冰块适量。

【制　法】 将碎冰块放入搅拌器中,加入上列原料,搅打至冰冻起泡沫时为宜,然后过滤倒入玻璃杯中,插入饮管两支供饮用。

【特　点】 入口清凉甜美,饮后倍觉精神。

【说　明】 橙子糖浆按照前述方法制作。

17. 香蕉奶昔

【原　料】 鲜牛奶 160 毫升,香草雪糕球 80 克,香蕉糖浆 30 毫升,碎冰块适量,香蕉肉(去心切片)30 克。

【制　法】 将碎冰块放入搅拌器中,加入上列原料,搅打至冰冻起泡沫时为宜,然后过滤倒入直筒玻璃杯中,插入饮管两支备用。

【特　点】 香蕉味道清香,营养成分高,常饮可增加体重。

18. 菠萝奶昔(二)

【原　料】 鲜牛奶160毫升，菠萝雪糕球80克，菠萝糖浆30毫升，菠萝汁30毫升，碎冰块适量。

【制　法】 将碎冰块放入搅拌器中，加入上列原料，搅打至冰冻起泡沫时为宜，然后过滤倒入直筒玻璃杯中，插入饮管两支备用。

【特　点】 菠萝芳香甜蜜，夏季饮用，最合时宜。

【说　明】 菠萝糖浆按照前述方法制作。

19. 草莓奶昔

【原　料】 鲜牛奶160毫升，草莓雪糕球80克，草莓糖浆30毫升，草莓汁30毫升，碎冰块适量。

【制　法】 将碎冰块放入搅拌器中，加入上列原料，搅打至冰冻起泡沫时为宜，然后过滤倒入直筒玻璃杯中，插入饮管两支备用。

【特　点】 色泽红艳，味道鲜甜，幽香扑鼻，具有美洲大陆风味。

20. 芒果奶昔

【原　料】 鲜牛奶160毫升，芒果雪糕球80克，芒果糖浆30毫升，碎芒果肉及芒果汁30克，碎冰块适量。

【制　法】 将碎冰块放入搅拌器中，加入上列原料，搅打至冰冻起泡沫为宜，然后经过滤倒入直筒玻璃杯中，插入饮管两支备用。

【特　点】 芒果含丰富的维生素A、维生素C，芳香清甜，果肉嫩滑，营养价值很高，有“热带果王”之称。

【说　明】 芒果糖浆按照前述方法制作。

21. 椰子奶昔

【原　料】 鲜牛奶160毫升，椰子雪糕球80克，椰子糖浆30毫升，椰子汁30毫升，碎冰块适量。

【制　法】 将碎冰块放入搅拌器中，加入上列原料，搅打至冰冻起泡沫为宜，然后经过滤倒入直筒玻璃杯中，插入饮管两支备用。

【特　点】 洁白如雪，润滑可口，具有马来西亚风味，为四季皆宜之饮料。

【说　明】 椰子糖浆按照前述方法制作。

22. 菠萝雪花

【原　料】 菠萝蓉2汤匙，鲜牛奶110毫升，鲜柠檬汁2汤匙，香草雪糕球80克，菠萝糖浆14毫升，碎冰块适量。

【制　法】 将碎冰块放入搅拌器中，加入上列原料，搅打至冰冻出现泡沫为宜，然后过滤倒入广口矮脚玻璃杯中，插入两支饮管供饮用。

【特　点】 色泽金黄，菠萝蜜味可口，夏日饮用倍增田园风味。用作餐后甜食，可助消化，四季皆宜。

【说　明】 菠萝糖浆按照前述方法制作。

23. 冰花苹果

【原　料】 苹果汁140毫升，石榴汁糖浆2汤匙，香草雪糕球80毫升，豆蔻粉少许，碎冰块适量。

【制　法】 先将碎冰块放入搅拌器中，加入果汁、石榴汁糖浆、雪糕球等原料，搅打至冰冻出现浓泡沫为宜，然后经过滤，放入有一些刨冰的玻璃广口矮脚玻璃杯中，搅入少许豆蔻粉。插入饮管两支。

【特 点】 苹果味道芳香，冰凉可口，是青少年最佳的清凉饮料。

【说 明】 石榴汁糖浆按照前述方法制作。

24. 紫色的牛奶昔

【原 料】 鲜牛奶 140 毫升，葡萄汁 50 毫升，白糖浆 25 毫升，香草雪糕球 80 克，碎冰块适量。

【制 法】 将碎冰块放入搅拌器中，加入上列原料，搅打至冰冻出现泡沫时为宜，然后经过滤倒入直筒玻璃杯中，插入两支饮管备用。

【特 点】 紫色端庄大方，奶昔香甜可口，有补血养颜之功效，夏日饮用，生津解渴。

【说 明】 石榴汁糖浆按照前述方法制作。

25. 美宝奶昔

【原 料】 鲜牛奶 160 毫升，巧克力雪糕球 80 克，白色糖浆 30 毫升，巧克力粉 1 汤匙，咖啡粉半汤匙，香草雪糕球 100 克，巧克力糖(削片)少许，碎冰块适量。

【制 法】 将碎冰块放入搅拌器中，加入鲜牛奶，巧克力雪糕球、白色糖浆、咖啡粉和巧克力粉，搅打至冰冻起泡沫为宜，然后过滤倒入直筒玻璃杯中，另将一勺(100 毫升)香草雪糕球放"奶昔"中，撒巧克力碎片于其上。饮管一支，长柄苏打匙一只供用。

【特 点】 香滑浓郁，留香持久，食后能提神醒脑，振奋精神。

26. 南美果子奶昔

【原 料】 鲜牛奶 160 毫升，草莓雪糕球 100 克，草莓糖浆 30 毫升，杂果粒 2 汤匙，碎冰块适量。

【制 法】 将碎冰块放入搅拌器中，加入鲜牛奶、糖浆、雪糕，搅打至冰冻出现泡沫为宜，然后过滤倒入已经放有杂果粒的直筒玻璃杯中，插入饮管一支，长柄打匙一只备用。

【特　点】 桃红色彩，香滑味美的奶昔，具有南美风味，是人们喜爱的饮料，四季皆宜。

【说　明】 草莓糖浆按照前述方法制作。

27. 菊花酒奶昔

【原　料】 鲜牛奶 160 毫升，香草雪糕球 80 克，菊花酒 14 毫升，柠檬糖浆 7 毫升，碎冰块适量。

【制　法】 将碎冰块放入搅拌器中，加入上列原料，搅打至冰冻起泡沫为宜，然后经过滤倒入直筒玻璃杯中，插入饮管两支供用。

【特　点】 色泽艳丽，风味独特，入口芳香。在炎热的时候饮用，有散热明目之功效。

【说　明】 柠檬糖浆按照前述方法制作。

28. 咖啡奶昔

【原　料】 鲜牛奶 160 毫升，香草雪糕球 80 克，白色糖浆 30 毫升，速溶咖啡粉 1 茶匙，碎冰块适量。

【制　法】 将碎冰块放入搅拌器中，加入上列原料，搅打至冰冻起泡沫为宜，然后经过滤倒入直筒玻璃杯中，插入饮管两支备用。

【特　点】 咖啡味浓郁，芳香可口，饮后兴奋神经，四时皆宜，具有巴西风味。

29. 巧克力奶昔

【原　料】 鲜牛奶 160 毫升，巧克力雪糕球 80 克，白色糖浆 30 毫升，巧克力粉 1 茶匙，碎冰块适量。

【制　法】 将碎冰块放入搅拌器内，加入上列原料，搅打至冰冻起泡沫为宜，然后滤入直筒玻璃杯中，插入饮管两支备用。

【特　点】 巧克力味美香浓，营养丰富，为日常最佳滋补饮料。

30. 白兰地奶昔

【原　料】 鲜牛奶 160 毫升，香草雪糕球 80 克，白色糖浆 30 毫升，白兰地酒 30 毫升，碎冰块适量。

【制　法】 将碎冰块放入搅拌器中，加入上列原料，搅打至冰冻起泡沫为宜，然后经过滤倒入直筒玻璃杯中，插入饮管两支备用。

【特　点】 白兰地酒有活血强身、促进血液循环之功效，饮后皮肤润滑，为中外女士们的最佳饮料之一。

31. 薄荷奶昔(一)

【原　料】 鲜牛奶 160 毫升，薄荷雪糕球 80 克，白色糖浆 30 毫升，薄荷酒 30 毫升，碎冰块适量。

【制　法】 将碎冰块放入搅拌器中，加入上列原料，搅打至冰冻起泡沫为宜，然后经过滤倒入直筒玻璃杯中，插入饮管两支备用。

【特　点】 入口清凉，消暑解渴，色泽翠绿，清香飘逸，为女士们所喜爱。

32. 维纳斯梦幻

【原　料】 苹果汁、鲜橙汁、胡萝卜汁各 50 毫升，鲜鸡蛋(只取蛋黄)1 个，白砂糖 28 克，矿泉水适量，碎冰适量。

【制　法】 将上述原料放入搅拌器(奶昔机)中，搅打 30 秒，至蛋黄、白砂糖、果汁等溶解成汁并起泡沫为宜，倒入两个直筒玻璃杯中，插入饮管备用，可供两人饮用，又称为“鸳鸯特饮”。

【特　点】 色泽艳丽，浓郁芳香，营养丰富，入口冰凉。

33. 牛奶黄桃冻

【原　料】 黄桃1个，碎冰50克，牛奶60毫升，砂糖6克，冰淇淋1个。

【制　法】 先在玻璃杯底撒上一层砂糖，放入冰淇淋。将黄桃、牛奶及碎冰倒入搅拌容器内充分搅拌后，轻轻倒入杯中，杯底砂糖呈冰雪状，增加了清凉感。

【特　点】 味道清香，口感滑润。

34. 杏仁咖啡牛奶冻

【原　料】 冰咖啡(咖啡粉10克)70克，精制糖10克，杏仁汁70毫升，冰淇淋1个，牛奶70毫升，樱桃1个。

【制　法】 把冰咖啡、杏仁汁、牛奶和糖放入搅拌容器内充分搅拌后，倒入玻璃杯中，把冰淇淋放入杯内，最后把樱桃放在上面作装饰。

【特　点】 传统的咖啡加杏仁味，是深受人们喜爱的一款奶昔。

35. 巧克力香蕉冻

【原　料】 香草冰淇淋1个，杏仁香精、香草香精各1克，巧克力浓缩汁30毫升，碎冰50克，牛奶100毫升，香蕉7～8片。

【制　法】 将香草冰淇淋、巧克力浓汁、牛奶、香草香精及杏仁香精依次放入搅拌容器内，充分搅拌后倒入玻璃杯中，再加入碎冰，最后添上七八片香蕉作为装饰。

【特　点】 巧克力的浓香加香蕉的滑润，口感很好。

36. 巧克力牛奶冰淇淋奶昔

【原　料】 巧克力浓汁50毫升，碎冰70克，牛奶100毫升，冰淇淋1个，精制糖10克。

【制　法】 将巧克力汁、牛奶、糖、碎冰放搅拌容器内充分搅拌，倒入玻璃杯中，再添上冰淇淋作漂浮物。

【特　点】 这款夏日常见的奶昔，简单味浓且可口。

37. 薄荷奶昔(二)

【原　料】 牛奶 100 毫升，碎冰 100 克，巧克力汁 30 毫升，香草冰淇淋 1 个，薄荷 20 克，砂糖 5 克。

【制　法】 将牛奶、巧克力汁、薄荷、砂糖放入玻璃杯中搅匀，加入碎冰，使用冰淇淋作漂浮物。

【特　点】 有薄荷香气的奶昔。

38. 蜂蜜牛奶奶昔

【原　料】 蜂蜜 40 克，冰 3～4 块，牛奶 100 毫升，冰淇淋 1 个，盐少量。

【制　法】 将冰、蜂蜜、牛奶及盐放入玻璃杯中搅拌均匀，再将冰淇淋放入杯中作漂浮物。

【特　点】 不太甜的奶昔。

39. 夏威夷冻汁

【原　料】 罐装菠萝 1 片，冰淇淋 1 个，菠萝汁 20 毫升，碎冰 100 克，牛奶 70 毫升。

【制　法】 将全部材料放入搅拌容器内充分搅拌，倒入玻璃杯中。

【特　点】 菠萝的清香，犹如夏威夷海滨的冷饮。

(四)时尚冰饮料

1. 奶油橘子汁

【原　料】 橘子浓汁 30 毫升,精制糖 10 克,草莓浓汁 10 毫升,高脂肪奶油 15 克,蛋黄 1 个,碎冰 100 克。

【制　法】 将材料全部放入搅拌机中充分搅拌,倒入杯中。

【特　点】 水果香气,口感温和。

2. 蛋黄巧克力汁

【原　料】 巧克力汁 30 毫升,牛奶 100 毫升,蛋黄 1 个,碎冰 100 克。

【制　法】 将配料全部放入玻璃杯中调拌。

【特　点】 营养丰富,有巧克力的丝丝浓香。

3. 蛋黄牛奶

【原　料】 蛋黄 1 个,精制糖 10 克,牛奶 100 毫升,香草香精 2～3 滴,碎冰 50 克。

【制　法】 将蛋黄、糖、牛奶、碎冰放入搅拌容器内轻轻搅拌,然后倒入玻璃杯中,撒上香草香精。

【特　点】 营养丰富,芳香凉口。

4. 蛋黄酵母乳牛奶

【原　料】 蛋黄 1 个,精制糖 10 克,酵母乳 60 克,碎冰 100 克,牛奶 80 毫升。

【制　法】 将配料全部放入搅拌容器内充分搅拌后,倒入玻璃杯内。

【特　点】 营养丰富,这种饮料甜味淡,可作健身饮料。

5. 草莓饮料

【原　料】 草莓浓汁40毫升，碎冰100克，柠檬汁10毫升，冰淇淋1个，蛋黄1个。

【制　法】 将草莓浓汁、柠檬汁、蛋黄及碎冰一起放入搅拌容器内充分搅拌后，再放入冰淇淋作漂浮物。

【特　点】 水果味清香，口感滑润凉爽。

6. 可乐冰

【原　料】 可乐100毫升，冰淇淋1个，冰3～4块。

【制　法】 在玻璃杯内放入冰块，倒入可乐，再添上冰淇淋作漂浮物。

【特　点】 倒入可乐时，涌起大量泡沫，嗞嗞作响，带来一阵凉气。

7. 可乐牛奶冰

【原　料】 牛奶100毫升，可乐60毫升，冰100克，香草冰淇淋1个。

【制　法】 将冰及冷牛奶倒入玻璃杯中，轻轻倒入可乐(不要搅动)，用香草冰淇淋作漂浮物。

【特　点】 这种饮料特别受小孩欢迎。

8. 咖啡可乐

【原　料】 冰咖啡(咖啡粉15克)100克，可乐100毫升，精制糖10克，香草冰淇淋1个，冰4～5块。

【制　法】 将冰咖啡和糖放入玻璃杯中调拌，放入冰块，轻轻倒入可乐，最后添加香草冰淇淋作漂浮物。

【特　点】 这种饮料特别受女士欢迎。

9. 薄荷咖啡汁

【原　料】 巧克力汁30毫升，精制糖10克，巧克力冰淇淋1个，碎冰100克，白薄荷30克，巧克力碎片5克，冰咖啡100克。

【制　法】 将巧克力汁、白薄荷、冰咖啡、糖、碎冰放入搅拌容器内充分搅拌后倒入玻璃杯中，然后添加冰淇淋和巧克力碎片作装饰。注意不要搅拌太久，否则冰会溶成水。也可用冰淇淋代替巧克力冰淇淋。

【特　点】 是有薄荷香味的冷咖啡。

10. 巧克力生姜汁

【原　料】 香草冰淇淋1个，碎冰150克，巧克力汁50毫升，葡萄汁30毫升，香蕉汁30克，生姜汁100毫升。

【制　法】 将前5项原料全部放入搅拌容器内充分搅拌，倒入玻璃杯中，再将生姜汁轻轻倒入。

【特　点】 这种冷的生姜汁夏日饮用既解暑又不伤胃，是保健佳品。

11. 冰可可

【原　料】 可可汁40毫升，冰3～4块，牛奶100毫升，冰淇淋1个。

【制　法】 在玻璃杯内加入可可汁、牛奶、冰粒，充分搅动后添加冰淇淋作漂浮物。

【特　点】 凉爽解暑。

12. 蜂蜜可可水

【原　料】 可可粉5克，牛奶100毫升，水30毫升，冰4～5块，蜂蜜30毫升。

【制　法】将可可粉、水放入锅中用火煮开，将锅从火上取下加入蜂蜜，搅拌后倒入玻璃杯中，倒入牛奶，再加入冰块。

【特　点】清凉解渴。

13. 拉巴斯之梦

【原　料】蛋黄 1 个，碎冰 50 克，柠檬汁 10 毫升，冰块 3～4 个，精制糖 15 克，生姜汁 100 毫升。

【制　法】将蛋黄、碎冰、柠檬汁、糖放入搅拌容器内，充分搅拌后倒入玻璃杯中，加入冰块，然后倒入生姜汁，轻轻地拌和。

【特　点】酸甜辣、香味俱全，令人神魂颠倒，仿佛置身在拉巴斯的仲夏之梦中。此款饮品最适合情侣一起饮用。

14. 酵母饮料

【原　料】橘子汁 60 毫升，香蕉半根(去皮)，胡萝卜汁 40 毫升，苹果酱 6 克，酵母乳 10 克，酵母粉 6 克，蜂蜜 10 毫升，碎冰 100 克。

【制　法】先将酵母粉溶成 30 克的液体放置一两分钟后，再倒入玻璃杯中，然后将其他材料放进搅拌机中，充分搅拌后倒入杯中与酵母液拌和即成。

【特　点】这是选用天然植物调制的饮料，具有强身作用，深受大众喜爱。

15. 好莱坞欢乐

【原　料】香草冰淇淋 1 个，橘子冻 1 个，牛奶 100 毫升，生姜汁 80 毫升。

【制　法】将冰淇淋和牛奶放入搅拌机中充分搅拌，倒入玻璃杯中，倒入生姜汁，再添加橘子冻作漂浮物。

【特　点】此种饮料很可口，很适合儿童口味。

16. 银色梨汁

【原　料】 梨半个，白薄荷6克，蛋白1个，碎冰100克，水50毫升，精制糖10克，汽水(碳酸水)70毫升，搅拌过的奶油5克。

【制　法】 蛋白加少许精制糖及搅拌过的奶油小心调和，烙成蛋白饼。把梨、糖、水放入粉碎机中充分粉碎，倒入玻璃杯中，把碎冰和汽水倒入杯中，最后添上白薄荷液，用蛋白饼作漂浮物。

【特　点】 此饮料呈乳白色，加上饮料的清凉，其感觉就像夜晚月光照着的大地。

17. 蛋白质饮料

【原　料】 牛奶100毫升，骨胶粉5克，香蕉1根，水20毫升，蜂蜜20毫升，碎冰100克。

【制　法】 首先将骨胶粉加水拌和，加热溶解，置冷一两分钟，倒入搅拌机中，再放入牛奶、香蕉、蜂蜜和碎冰一起充分搅拌，倒入玻璃杯中。

【特　点】 此饮料有胶冻的感觉，喝起来滑润。

18. 黄桃李子冰

【原　料】 罐头黄桃1个，牛奶100毫升，李子1个，柠檬汁3毫升，精制糖10克，碎冰150克。

【制　法】 先将李子削皮去核，切碎把前5项原料倒入搅拌容器内，充分搅拌后倒入玻璃杯中，再加入碎冰。

【特　点】 此饮料颜色浑厚浓郁，味道甚佳。

19. 摩卡薄荷咖啡(一)

【原　料】 冰咖啡(咖啡粉15克)100克，碎冰100克，巧克力冰淇淋1个，速溶咖啡1小匙，白薄荷10克。

【制　法】 把前4项原料放入搅拌容器内充分搅拌,倒入玻璃杯中,用一小匙速溶咖啡作漂浮物。

【特　点】 这类饮料深受上层社会女士们所喜爱,由巴黎传到伦敦,是咖啡店绝不可少的饮料。

20. 摩卡薄荷咖啡(二)

【原　料】 冰咖啡100克,巧克力浓汁30毫升,香草冰淇淋1个,碎冰50克,白薄荷10克,巧克力碎片1小匙。

【制　法】 把前5项原料放进搅拌容器内,充分搅拌后倒入玻璃杯中,用1小匙巧克力碎片作漂浮物。

【特　点】 这类饮料深受上层社会女士们所喜爱,由巴黎传到伦敦,是咖啡店绝不可少的饮料。

21. 冰冻生姜汁

【原　料】 柠檬汁15毫升,碎冰150克,葡萄汁10毫升,柠檬冻1个,生姜汁120毫升。

【制　法】 将碎冰放入玻璃杯中,添加柠檬汁和葡萄汁,然后倒入生姜汁,最后放入柠檬冻作漂浮物。也可用果子冻代替柠檬冻。

【特　点】 美式风味的饮料。

22. 嘉丽宝

【原　料】 石榴糖浆20毫升,樱桃1个,生姜汁120毫升,橘子1片,碎冰150克。

【制　法】 先将碎冰放入玻璃杯中,再添加石榴糖浆和生姜汁拌和,最后放入樱桃和橘子片作装饰。

【特　点】 此饮料为纪念美国最有名的女歌星嘉丽宝而得名。石榴糖浆和生姜汁拌在一起,味道格外甜美。

23. 石榴综合果汁

【原 料】 石榴浓汁30毫升,冰3~4块,橘子汁30毫升,生姜汁120毫升,柠檬汁10毫升,薄荷叶少量。

【制 法】 先把冰块放入玻璃杯中,再依序轻轻倒入石榴浓汁、橘子汁、柠檬汁及生姜汁,不加搅拌,最后放上薄荷叶作装饰。

【特 点】 这是一种高级综合果汁,可用草莓汁代替石榴浓汁,可用芹菜代替薄荷叶。

24. 金色螺旋

【原 料】 生姜汁140毫升,冰3~4块,柠檬皮(卷成螺旋状)1个。

【制 法】 将生姜汁倒入细长的玻璃杯内,添上冰块,用一根长牙签插在柠檬皮上,卷成螺旋状,放入杯中。

【特 点】 "金色螺旋"源自英国,如今是世界知名的高级饮料了。

25. 夏威夷菠萝汁

【原 料】 菠萝碎片150克,碎冰150克,菠萝汁100毫升,装饰用菠萝片100克。

【制 法】 把碎冰放入大玻璃杯中,放入菠萝碎片,倒入菠萝汁,添加装饰用菠萝。

【特 点】 菠萝清香,清凉解渴,是夏季最佳饮料。

26. 霍甫斯金女郎

【原 料】 什锦水果罐头70克,绿薄荷叶1枝,混合果汁80毫升,樱桃1个,柠檬汁20毫升,橘子1片,碎冰150克。

【制 法】 将什锦水果、混合果汁、柠檬汁放入粉碎机中充分

粉碎，倒入玻璃杯中，放进碎冰，最后添上薄荷叶、樱桃和橘子片作装饰。

【特　点】 色泽艳丽，造型美观。

(五)带酒味的冷饮冷食

小贴士：酒味的冷饮冷食风味很独特，是深受人们喜爱的，但如果给孩童饮用则不宜加各种酒类。

1. 酒香牛奶冷饮

【原　料】 威士忌酒 20 毫升，香草香精 2～3 滴，牛奶 120 毫升，肉豆蔻少量，砂糖 1 克，冰 3～4 个。

【制　法】 将配料全部倒入搅拌容器内充分搅拌，然后倒入玻璃杯中。可用白兰地代替威士忌，用 20 克蜂蜜代替砂糖。

【特　点】 在通常的冷饮中稍加一点酒，味道大不一样。

2. 橘子酒冰冻水

【原　料】 橘子肉 1/4 个，碎冰 150 克，橘子酒 6 毫升，水 100 毫升，柠檬 6 克，冰淇淋 1 个，橘子汁 30 毫升。

【制　法】 将橘子、碎冰、橘子酒、柠檬、橘子汁、水倒入粉碎机中，充分粉碎后倒入玻璃杯，加入冰淇淋使之浮在表层上。

【特　点】 有浓郁的橘子香气。

3. 美国柠檬水

【原　料】 柠檬 1 个，冰 3～4 块，精制糖 20 克，葡萄酒 20 毫升，水 150 毫升。

【制　法】 挤出柠檬汁后，冲上水和精制糖做成柠檬水，再放入葡萄酒、冰块。

【特　点】 这是一款具有美国风味的冷饮。

4. 甜酒菠萝汁

【原　料】 甜酒30毫升，柠檬汁6毫升，橘酒10毫升，碎冰200克，菠萝汁60毫升，新鲜菠萝100克，橘子汁20毫升，装饰用花卉适量。

【制　法】 将碎冰放入大玻璃杯中，将甜酒、柠檬汁、橘酒、菠萝汁、橘子汁放入杯中调拌，加入切碎的鲜菠萝拌和，添上花卉作装饰。

【特　点】 这是一种可口的热带饮料，即使不善饮酒的人，也会不自觉地多喝几杯。

5. 薄荷美味果汁

【原　料】 威士忌酒10毫升，白薄荷20毫升，黑甜酒10毫升，碎冰150克，糖浆10毫升，薄荷叶(或芹菜叶)1片。

【制　法】 将威士忌酒、白薄荷、黑甜酒、糖浆按顺序倒入玻璃杯中，不要搅动，再添上碎冰，然后放上薄荷叶(或芹菜叶)作装饰，插入两支吸管。

【特　点】 这是一款鸡尾酒饮料，其口味和特色很受欢迎。

6. 美味菠萝汁

【原　料】 椰子牛奶30毫升，低脂奶油10毫升，菠萝汁70毫升，碎冰150克，甜酒10毫升，罐装菠萝(或樱桃1个)半片。

【制　法】 将椰子牛奶、低脂奶油、菠萝汁、甜酒放入搅拌机中，充分搅拌后倒入玻璃杯内，放上碎冰，再添上菠萝片(或樱桃)作装饰。

【特　点】 甜酒菠萝汁有醉人的芳香。

7. 柠檬鸡尾酒

【原　料】 柠檬汁30毫升，冰块3～4块，糖浆20毫升，石榴糖浆20毫升，苹果白兰地20毫升。

【制　法】 用高脚玻璃杯把全部原料轻轻倒入，不用搅拌，用蔷薇花瓣之类作装饰物。

【特　点】 这是一种美味的就餐饮料。

8. 甜酒橘汁

【原　料】 甜酒10毫升，生姜汁10毫升，橘子汁100毫升，白兰地酒10毫升，柠檬汁30毫升，碎冰100克，橘子2片。

【制　法】 将甜酒、生姜汁、橘子汁、白兰地酒、柠檬汁、碎冰放入搅拌容器内，充分搅拌后倒入玻璃杯中，然后将橘子片放进杯中作装饰。

【特　点】 这是一种味道甜美的饭后饮料。

9. 番茄芹菜蒸馏酒

【原　料】 蒸馏酒30毫升，酱油少量，柠檬汁10毫升，带叶芹菜半根，番茄汁120毫升，盐、胡椒各少量，辣椒酱少量，冰50克。

【制　法】 先将芹菜洗净，切成两半，再剥去皮，把冰放入玻璃杯中，然后将蒸馏酒、酱油、柠檬汁、芹菜、番茄汁、盐、胡椒、辣椒酱依序放进去。

【特　点】 这是一种新开发的饮料，味道十分奇特。

10. 酒国人生

【原　料】 苏格兰威士忌45毫升，冰100克，艾马利特酒15毫升。

【制　法】 先把冰放入玻璃杯中，再将两种酒倒进去。

【特　点】 这种饮料名取自电影片名，最先起源于意大利，逐渐遍及世界各国，十分适合善饮酒的人。

11. 劳动者饮料

【原　料】 甜酒 20 毫升，精制糖 10 克，莱檬汁 40 毫升，水 100 克，碎冰 150 克，莱檬(或柠檬)2 片。

【制　法】 将甜酒、精制糖和莱檬汁放入玻璃杯中拌和，加入碎冰和水，再放入莱檬片作装饰。

【特　点】 酸甜带有点酒味，开胃解乏，故称为劳动者饮料。

12. 南国风光

【原　料】 什锦水果 250 克，椰汁 100 毫升，椰蓉 25 克，冰块 10 块，薄荷酒 20 毫升。

【制　法】 取高脚玻璃啤酒杯 1 个，先把冰块放杯内，加入椰汁，再放入什锦水果，淋上薄荷酒，撒上椰蓉即可饮用。

【特　点】 新颖别致，色泽明快鲜艳，椰香味美。

13. 椰子牛奶冰

【原　料】 香蕉汁 20 毫升，椰子牛奶 20 毫升，蒸馏酒 10 毫升，汽水(碳酸水)100 毫升，碎冰 150 克。

【制　法】 将原料依次倒入玻璃杯中，轻轻拌和。也可用 40 克牛奶添加两三滴杏仁香精代替椰子牛奶。

【特　点】 香蕉的香气及椰子的风味，充满了盛夏的情调。

14. 黄桃咖啡奶昔

【原　料】 罐装黄桃 1 个，精制糖 10 克，白兰地 30 毫升，碎冰 100 克，冰咖啡(咖啡粉 10 克)50 克，冰淇淋 1 个。

【制　法】 将黄桃、糖、白兰地、冰咖啡放入粉碎机内充分粉

碎，倒入玻璃杯中，放入碎冰，最后添上冰淇淋作漂浮物。

【特　点】 这是一款带酒味的奶昔，非常受人们喜爱。

15. 深夜的旋律

【原　料】 柚子汁200毫升，白兰地20毫升，橘子汁60毫升，冰6～7块，甜酒30毫升，橘子4片。

【制　法】 将原料一起放入大碗内调拌，然后分装到两个玻璃杯中。

【特　点】 这是一款适合情侣饮用的冷饮，慢慢领会盛夏夜晚的深情。

16. 酒吧宠儿

【原　料】 蒸馏酒20毫升，柠檬汁20毫升，苹果白兰地10毫升，冰块3～4块，精制糖10克，柠檬2片，橘子精汁10毫升。

【制　法】 将蒸馏酒、柠檬汁、苹果白兰地、冰块、糖、橘子精汁放入搅拌容器内，充分搅拌后倒入玻璃杯中，再添加柠檬片作装饰。

【特　点】 这是世界上鼎鼎有名的花花公子俱乐部的饮料，最先产生于美国的底特律，后传到世界各地，其风味独特。

17. 丛林果汁

【原　料】 黑甜酒20毫升，橘子酒20毫升，菠萝汁20毫升，橘子汁20毫升，柠檬汁20毫升，石榴糖浆20毫升，碎冰1块。装饰用菠萝片(新鲜)1片。

【制　法】 先将碎冰放入玻璃杯中，按顺序轻轻倒入黑甜酒、橘子酒、菠萝汁、橘子汁、柠檬汁和石榴糖浆，不要搅拌，最后放上菠萝片作装饰。

【特　点】 酒红色果味浓郁，是充满激情的饮料。

18. 柠檬橘子汁

【原　料】 威士忌酒 20 毫升，柠檬汁 20 毫升，什锦水果 60 克，橘子 2 片，樱桃 1 个，碎冰 150 克。

【制　法】 先将碎冰放入玻璃杯中，依次添入威士忌酒、柠檬汁、什锦水果，不要搅拌，再放入橘子片和樱桃作装饰。

【特　点】 这是颇具美国风味的饮料。

19. 蒸馏酒果汁

【原　料】 蒸馏酒 20 毫升，白橘皮酒 10 毫升，柠檬汁 40 毫升，碎冰 200 克，盐少量，柠檬 2 片。

【制　法】 先将柠檬汁倒入玻璃杯中，把盐放入杯底，再添加蒸馏酒、白橘皮酒和碎冰，轻轻搅拌，最后放上柠檬片作装饰。

【特　点】 酒味强烈，酸味刺激。

20. 美国葡萄酒柠檬水

【原　料】 柠檬 1 个，精制糖 20 克，水 150 毫升，冰 3～4 块，葡萄酒 20 毫升。

【制　法】 挤出柠檬汁，冲上水，糖搅匀，加上葡萄酒，放入冰块。

【特　点】 这也是美国人爱喝的饮料。

21. 黑牛

【原　料】 牛奶 100 毫升，冰淇淋 1 个，啤酒 50 毫升，冰块 2～3 块。

【制　法】 先把冰块和牛奶放入玻璃杯中，再倒入啤酒，然后用冰淇淋作漂浮物。

【特　点】 泡沫丰富，味道十分粗犷豪迈，是针对年轻人而设

计的饮料。

22. 南方甜酒

【原　料】 罐装菠萝1片,碎冰150克,菠萝汁20毫升,椰子精汁20毫升,柠檬汁10毫升,甜酒30毫升,牛奶50毫升,薄荷叶(或其他绿叶)1片。

【制　法】 将菠萝片、菠萝汁、椰子精汁、柠檬汁、牛奶放入搅拌容器内充分搅拌,倒入玻璃杯中,放入碎冰,再倒入甜酒拌和,添加薄荷叶(或其他绿叶)作装饰。

【特　点】 这是一款具有南方风味的饮料。

23. 蓝色月亮

【原　料】 蓝橘酒80毫升,生姜汁10毫升,威士忌10毫升,碎冰150克,汽水(碳酸水)100毫升,菠萝1片。

【制　法】 先在玻璃杯内放入碎冰,再依次轻轻倒入蓝橘酒、生姜汁、威士忌及汽水,最后放上菠萝片作装饰。

【特　点】 此款具有与众不同的美丽的蓝色,像盛夏的夜晚。

【说　明】 生姜汁及汽水应先冷却后再使用。

24. 甜酒可乐

【原　料】 甜酒20毫升,冰3~4块,可乐20毫升。

【制　法】 将全部材料放入高脚玻璃杯内,轻轻地加以调拌。

【特　点】 这种饮料又可称为“鸡尾酒”。可乐应先冷却后再使用。

25. 夏日烟雨

【原　料】 可尔必思(发酵乳)20毫升,草莓浓汁15毫升,冰3~4块,汽水(碳酸水)120毫升,酒酿樱桃1个。

【制　法】 先将冰块放入玻璃杯中，再依次倒入可尔必思、草莓浓汁、汽水，轻轻拌和，以牙签插上樱桃作为饮料的装饰。

【特　点】 若使用透明高脚玻璃杯，饮料的色彩会显得格外鲜艳。“可尔必思”为乳酸饮料。

26. 夏日恋情

【原　料】 可尔必思 30 毫升，香瓜浓汁 10 毫升，冰 3～4 块，汽水(碳酸水)120 毫升，酒酿樱桃 1 个。

【制　法】 把冰块放入玻璃杯中，依次倒入可尔必思、香瓜浓汁、汽水轻轻拌和，以牙签插上樱桃作装饰。

【特　点】 在炎热的夏日里饮到这样一杯充满温情的清凉美酒，真是舒畅无比。

27. 美国式鸡尾酒

【原　料】 黑甜酒 20 毫升，什锦水果 40 克，柠檬汁 20 毫升，橘子片(横切)2 片，樱桃 1 个，碎冰 150 克。

【制　法】 将黑甜酒、什锦水果、柠檬汁放入玻璃杯中，不用搅拌，再把碎冰倒入杯里，最后添加橘子片和樱桃作装饰。

【特　点】 此饮料上面漂浮着碎冰和水果，美丽可爱。

28. 红色人生

【原　料】 威士忌酒 10 毫升，碎冰 100 克，柠檬汁 20 毫升，葡萄酒 10 毫升，橘子汁 60 毫升，绿薄荷叶 1 片。

【制　法】 先把威士忌酒、柠檬汁、橘子汁放入玻璃杯中搅拌，加入碎冰，再轻轻倒入葡萄酒，不要搅动，最后添上薄荷叶作装饰。

【特　点】 葡萄酒美丽的红色加上橘子汁和威士忌的酸辣味，犹如充满激情的人生。

29. 蒸馏酒橘子汁

【原　料】 蒸馏酒 20 毫升，石榴糖浆 3 毫升，橘子汁 20 毫升，樱桃 1 个，柚子汁 20 毫升，橘子 1 片，汽水（碳酸水）60 毫升，碎冰 150 克。

【制　法】 先将碎冰放入透明而细长的玻璃杯中，再依次轻轻倒入蒸馏酒、石榴糖浆、橘子汁、柚子汁、汽水，最后放入樱桃和橘子片作装饰。

【特　点】 具有色彩绚丽的层次，可用吸管饮用各层颜色的滋味，颇有情趣。

30. 白兰地牛奶果汁

【原　料】 牛奶 100 毫升，碎冰 100 克，精制糖 10 克，香草冰淇淋 1 个，草莓酱 10 克，樱桃白兰地酒 10 毫升。

【制　法】 把除碎冰以外的其他材料全部放入搅拌容器内，充分搅拌后倒入玻璃杯中，加入碎冰。

【特　点】 此饮料十分香甜，几乎喝不出酒味，十分适合女士们饮用。

31. 薄荷雪糕加酒

【原　料】 薄荷雪糕球 140 毫升，薄荷酒 20 克，鲜奶油适量，威化饼干 1 块，红樱桃 1 粒。

【制　法】 薄荷雪糕球放在圆形雪糕玻璃杯中，把薄荷酒淋在雪糕上，加鲜奶油，顶部用红樱桃点缀，威化饼干横放在雪糕旁，配以不锈钢小勺供用。

【特　点】 雪糕加果酒味道很可口，是解暑佳品。

32. 草莓雪糕加中华猕猴桃酒

【原　料】 草莓雪糕球140毫升,猕猴桃酒30克,鲜奶油少量,威化饼干1块,红樱桃1粒。

【制　法】 将雪糕球放圆形雪糕玻璃杯中,把猕猴桃酒淋在雪糕球上,加鲜奶油,红樱桃置雪糕顶部点缀,威化饼干放雪糕旁,配以不锈钢勺供用。

【特　点】 雪糕加上果酒味道很可口,是解暑佳品。

(六)雪糕苏打汽水

1. 柠檬雪糕苏打汽水

【原　料】 苏打汽水(或苏打矿泉水)170毫升,柠檬露(或汁)28毫升,柠檬糖浆28毫升,香草雪糕球80克。

【制　法】 先将糖浆、柠檬露倒入350毫升汽水玻璃杯中,轻轻倒入苏打汽水,用长柄勺慢慢搅匀,轻轻放入雪糕球,插入饮管两支备用。

【特　点】 雪糕加汽水清凉具有良好的解暑作用,但苏打汽水饮料含糖过多,不利于健康,不宜多喝。

2. 香橙雪糕苏打汽水

【原　料】 苏打汽水(或苏打矿泉水)170毫升,香橙露(或汁)28毫升,香橙糖浆28毫升,香橙雪糕球80克。

【制　法】 先将糖浆、香橙露倒入350毫升汽水玻璃杯中,轻轻倒入苏打汽水,用长柄勺慢慢搅匀,轻轻放入雪糕球,插入饮管两支备用。

【特　点】 香橙味,家庭制作时可以少放糖浆。

3. 菠萝雪糕苏打汽水

【原　料】 苏打汽水(或苏打矿泉水)170毫升,菠萝汁28毫升,菠萝糖浆42毫升,菠萝雪糕球(或香草雪糕球)80克。

【制　法】 先将糖浆、菠萝汁倒入350毫升汽水玻璃杯中,倒入苏打汽水,用长柄勺慢慢搅匀,然后轻轻放入雪糕球,插入饮管两支备用。

【特　点】 菠萝味。

4. 草莓雪糕苏打汽水

【原　料】 苏打汽水(苏打矿泉水)170毫升,草莓汁28毫升,草莓糖浆42毫升,草莓雪糕球80克。

【制　法】 先将糖浆、草莓汁倒入350毫升汽水玻璃杯中,倒入苏打汽水,用长柄勺慢慢搅匀,然后轻轻放入雪糕球,插入饮管两支备用。

【特　点】 草莓味。

5. 芒果雪糕苏打汽水

【原　料】 苏打汽水(苏打矿泉水)170毫升,芒果糖浆75毫升,芒果雪糕球80克。

【制　法】 先将糖浆倒入350毫升汽水玻璃杯中,再倒入苏打汽水,用长柄勺慢慢搅匀,轻轻加进雪糕球,插入饮管两支备用。

【特　点】 芒果味。

6. 椰子雪糕苏打汽水

【原　料】 苏打汽水(或苏打矿泉水)170毫升,椰子汁28毫升,椰子糖浆42毫升,椰子雪糕球80克。

【制　法】 先将椰子汁、糖浆倒进350毫升汽水玻璃杯中,再倒入苏打汽水，用长柄勺慢慢搅匀，然后轻轻加入雪糕球，插入饮管两支备用。

【特　点】 椰子味。

7. 巧克力雪糕苏打汽水

【原　料】 苏打汽水（或苏打矿泉水）170毫升，巧克力汁28毫升，白色糖浆42毫升，巧克力雪糕球80克。

【制　法】 将巧克力汁、糖浆倒进350毫升汽水玻璃杯中，加入苏打汽水，用长柄勺慢慢调匀，然后轻轻加入雪糕球，插入饮管两支备用。

【特　点】 巧克力味。

8. 薄荷雪糕苏打汽水

【原　料】 苏打汽水（或苏打矿泉水）170毫升，薄荷酒28毫升，白色糖浆56毫升，薄荷雪糕球（或香草雪糕球）80克。

【制　法】 先将糖浆、薄荷酒倒进350毫升汽水玻璃杯中，加入苏打汽水，用长柄勺慢慢调匀，然后轻轻加入雪糕球，插入饮管两支备用。

【特　点】 薄荷味。

9. 维也纳苏打汽水

【原　料】 鲜橙汁20毫升，绿色果子冻少量，香橙糖浆28毫升，矿泉水（或苏打汽水）200毫升，芒果雪糕球180克，威化饼干（三角形）1块。

【制　法】 将橙汁、糖浆倒入玻璃杯中，加入果冻、矿泉水，调匀，雪糕球浮在杯中，威化饼干插在杯中点缀，放入长柄勺和饮管备用。

【特　点】 由于色泽华丽，有点音乐的韵味，故用此名。

10. 巧克力冰淇淋苏打

【原　料】 巧克力浓汁40毫升，汽水100毫升，冰3～4块，冰淇淋1个。

【制　法】 在玻璃杯内加入冰、巧克力汁和汽水，轻轻拌和后再添上冰淇淋作漂浮物。

【特　点】 苏打汽水与冰淇淋放在一起，产生大量泡沫，解暑又解乏，是此类饮料共同的特点。

11. 蜂蜜冰淇淋苏打

【原　料】 蜂蜜40毫升，汽水(碳酸水)100毫升，冰3～4块，冰淇淋1个。

【制　法】 将冰、蜂蜜、汽水放入玻璃杯中，轻轻调拌，放入冰淇淋作漂浮物。

【特　点】 蜂蜜对人的身体有很好的保健作用。

12. 夏威夷冰淇淋苏打

【原　料】 菠萝汁40毫升，冰淇淋1个，冰3～4块，菠萝1片，汽水(碳酸水)12毫升。

【制　法】 将菠萝汁、冰、汽水放入玻璃杯中轻轻调拌，加入冰淇淋作漂浮物，再放上菠萝片作装饰。

【特　点】 此为热带饮料。

13. 迈阿密冰淇淋苏打

【原　料】 柠檬汁30毫升，汽水(碳酸水)100毫升，冰淇淋3～4块，橘子冻1个。

【制　法】 将冰淇淋放入玻璃杯中，再添加柠檬汁、汽水，最后用橘子冻作漂浮物。

【特　点】 此款饮品是美式风味。

14. 香瓜冰淇淋苏打

【原　料】 香瓜碎片50克，碳酸水100毫升，香瓜浓汁40毫升，冰淇淋1个，冰3～4块。

【制　法】 把香瓜碎片和浓汁放入玻璃杯中，再加入冰块、汽水，最后加入冰淇淋作漂浮物。

【特　点】 具有香瓜的甜美香气。

15. 草莓冰淇淋苏打

【原　料】 草莓浓汁40毫升，草莓1个，冰3～4块，草莓冰淇淋1个，碳酸水10毫升。

【制　法】 依次将草莓浓汁、水、汽水及草莓冰淇淋放入玻璃杯中，再将草莓切成三四片，放在杯上层作装饰。

【特　点】 色泽鲜红，草莓酸甜，受人喜爱。

16. 水果冰淇淋苏打

【原　料】 什锦水果50克，碳酸水100毫升，香瓜浓汁40毫升，冰淇淋1个，冰3～4块，装饰用樱桃1个。

【制　法】 将什锦水果切成细片放入搅拌机中，与冰块及香瓜浓汁一起充分搅拌，倒入玻璃杯中，倒入汽水轻轻拌和，放上冰淇淋，用木制汤匙舀挖冰淇淋，然后把樱桃放在冰淇淋上作装饰。

【特　点】 色彩斑斓，果味浓郁。

17. 薄荷冰淇淋苏打

【原　料】 薄荷汁30毫升，冰淇淋1个，碳酸水100毫升。

【制　法】 将薄荷汁、碳酸水倒入玻璃杯中轻轻拌和，放入冰淇淋作漂浮物，也可放入碎冰使碳酸水冷却。

【特　点】 制法简单，薄荷沁凉。

18. 紫罗兰冰淇淋苏打

【原　料】 紫罗兰浓汁 40 毫升，冰淇淋 1 个，冰块 3～4 块，樱桃 1 个，汽水（碳酸水）100 毫升。

【制　法】 将冰块放入玻璃杯内，按顺序轻轻倒入紫罗兰浓汁、汽水，然后小心添加冰淇淋作漂浮物，樱桃作装饰。

【特　点】 紫罗兰是法国巴黎的名产，用它做成可口的苏打饮料，可算是别出心裁的妙想。亦可用葡萄汁代替紫罗兰汁。

19. 橘子冰淇淋苏打

【原　料】 橘子浓汁 40 毫升，汽水 100 毫升，冰 3～4 块，冰淇淋 1 个。

【制　法】 先将橘子浓汁、冰及汽水放入玻璃杯中，再加入冰淇淋浮在表层上。

【特　点】 原料易得，制作简便。

(七)宾治冷饮

小贴士：这一词来源于法语，其含义是混合甜饮料。Punch 据说是梵语“五个”之意。它是在印度用酒加水、柠檬汁、香料、水果五种材料混合而成的饮料。通常在聚会的时候，用一个玻璃的调酒缸调制。

1. 荔枝宾治

【原　料】 鲜荔枝肉（或罐装）10 枚，荔枝汁 40 毫升，白糖浆 28 毫升，碎冰块适量，苏打汽水（或矿泉水）180 毫升，红樱桃 1 粒。

【制　法】 将荔枝汁、白糖浆倒入 350 毫升宾治玻璃杯中，放入荔枝肉、碎冰块，注入矿泉水（或苏打汽水），红樱桃放顶部点缀之，插入长柄勺和饮管备用。

【特　点】 荔枝冷冻了才好吃。

2. 桂圆（龙眼）宾治

【原　料】 鲜桂圆肉（或罐装）15 枚，梨汁 80 毫升，香草糖浆 28 毫升，碎冰块适量，苏打汽水（或矿泉水）180 毫升，红樱桃 1 粒。

【制　法】 把梨汁、糖浆倒入 350 克宾治玻璃杯中，放进桂圆，加入碎冰块，注入苏打汽水，顶部用红樱桃点缀，插入长柄勺和饮管备用。

【特　点】 桂圆肉鲜美。

3. 姜味宾治

【原　料】 生姜（去皮，洗净，榨汁）28 克，糖姜（切成小丁）少许，香草糖浆 56 毫升，鲜柠檬汁 14 毫升，碎冰块适量，矿泉水（或苏打汽水）180 毫升，鲜柠檬 1 小片，红樱桃 1 粒。

【制　法】 将姜汁、柠檬汁、糖浆倒入 350 毫升宾治玻璃杯中，撒上糖姜丁，加入碎冰块，注入矿泉水。将柠檬片中间切开外翻成翼状，夹入红樱桃，放在碎冰块上点缀之，插入长柄勺与饮管备用。

【特　点】 姜味宾治香甜酸辣俱全，餐前饮用能增加食欲，帮助消化，为运动员常用冷饮之一。

4. 杂果宾治

【原　料】 杂果粒 20 克，碎冰块适量，橙子汽水 180 毫升，鲜橙子（切成圆片）1 片，红樱桃 1 粒。

【制　法】 将杂果粒放置 350 毫升宾治玻璃杯中，加碎冰，缓缓倒进橙子汽水，用鲜橙片切成翼状在中间夹一粒红樱桃，放在碎

冰块上点缀之，插入长柄勺和饮管备用。

【特　点】 水果味。

5. 鲜梨宾治

【原　料】 梨肉（去皮核切成两大块）1只，梨汁28毫升，白糖浆56毫升，碎冰块适量，矿泉水（或苏打汽水）180毫升，绿樱桃1粒。

【制　法】 先将梨汁、糖浆倒入350毫升宾治玻璃杯中，梨肉分切成角状，共八块，放入杯中，倒进矿泉水，用绿樱桃点缀之，插入长柄勺和饮管备用。

【特　点】 白色的饮品上放一颗绿色的樱桃，典雅。

6. 鲜奶宾治

【原　料】 鲜牛奶200毫升，杂果粒20克，香草糖浆14毫升，碎冰块适量，红樱桃4粒。

【制　法】 先将杂果粒倒进350毫升宾治玻璃杯中，加糖浆和碎冰块，倒入鲜牛奶，另用红樱桃（从中切开但不能切断）嵌在杯子边沿点缀，插入长柄勺和饮管备用。

【特　点】 此饮品是宾治饮品中常见的款式。

7. 雪化香蕉

【原　料】 香蕉（去皮切块）1只，鲜奶250毫升，香蕉糖浆28毫升，碎冰块适量。

【制　法】 先将香蕉、鲜牛奶和糖浆倒入搅拌器中，搅打至使香蕉溶化并起泡沫为宜，然后倒入广口大玻璃杯，加入碎冰，插入长柄勺及饮管备用。

【特　点】 此饮品有香蕉的滑润、牛奶的甜美。

8. 香芒奶露

【原　料】 鲜芒果肉(或芒果雪糕)180 毫升，牛奶 56 毫升，矿泉水 75 毫升，芒果糖浆 28 毫升，碎冰块适量。

【制　法】 将上列原料放入搅拌器中，搅打至起浓厚泡沫为宜，然后经过滤倒入广口大玻璃杯中，插入饮管备用。

【特　点】 口味浓厚饱和。

9. 果味名饮

【原　料】 香橙露汁 56 毫升，柠檬汁 28 毫升，菠萝汁 56 毫升，苏打汽水(180 毫升瓶装)1 瓶，鲜橙肉(切角形)1 角，红樱桃 1 粒，碎冰块适量。

【制　法】 先将碎冰块放 340 毫升玻璃杯中，注入香橙露汁、柠檬汁和菠萝汁，倒入汽水轻轻调匀，用牙签串红樱桃和鲜橙角挂在杯边沿点缀。

【特　点】 鲜橙、柠檬、菠萝三种水果最为人们喜爱，也最大众化，此饮品也最受人们欢迎。

10. 纽约名饮

【原　料】 葡萄汁 120 毫升，草莓糖浆 28 毫升，矿泉水(或苏打汽水)140 毫升，香草雪糕球 180 克，鲜奶油少量，红樱桃 1 粒，碎冰块适量。

【制　法】 把葡萄汁、糖浆倒入 340 毫升玻璃杯中，加碎冰块、矿泉水，调匀，加雪糕球、鲜奶油，顶部用红樱桃点缀，插入长柄勺和饮管备用。

【特　点】 此饮品是美国人常饮的饮料。

11. 加利福尼亚名饮

【原　料】 香橙露汁56毫升，矿泉水（或苏打水）180毫升，香草雪糕球180毫升，鲜奶油少许，红樱桃1粒，碎冰块适量。

【制　法】 将碎冰放入340毫升玻璃杯中，加香橙露汁、矿泉水，慢慢调匀，最后加雪糕球、鲜奶油，顶部用红樱桃点缀，插入长柄勺和饮管备用。

【特　点】 此饮品正如其名是美国加利福尼亚的著名饮料，深受人们喜爱。

12. 黄金菲士

【原　料】 鲜奶120毫升，鲜橙汁56毫升，香橙糖浆28毫升，香橙雪糕球（或香草雪糕球）100克，鲜奶油少许，红樱桃1粒，芒果雪糕球150克，碎冰块适量。

【制　法】 将碎冰块放入搅拌器中，倒进鲜奶、橙汁、糖浆，香橙雪糕球，搅打至起泡沫为宜，经过滤倒入400毫升玻璃杯中，加芒果雪糕球，会迅速浮起，在雪糕顶上淋上鲜奶油并放一粒红樱桃点缀，插入饮管、长柄勺备用。

【特　点】 色泽金黄，香气飘逸，相得益彰。

13. 黑牛冰饮

【原　料】 可口可乐（或汽水）1瓶，巧克力雪糕180毫升，碎冰块适量。

【制　法】 将碎冰块放340毫升玻璃杯中，倒进可口可乐，调匀，加进雪糕球（自动浮起），插入饮管和长柄勺备用。

【特　点】 非洲风味，泡沫丰富强劲，粗犷，为风靡全球的知名冷饮。

14. 西班牙咖啡

【原　料】 速溶咖啡粉20克，牛奶28毫升，白糖浆40毫升，矿泉水180毫升，香草雪糕球140克，碎冰块适量。

【制　法】 将碎冰块、糖浆、咖啡粉和矿泉水放入搅拌器中，搅打至冰冻，经过滤倒入450毫升直筒玻璃杯中，最后加入牛奶和雪糕球，插入饮管、长柄勺备用。

【特　点】 此饮品是西班牙风味。